食パンをもっと
おいしくする99の魔法

讓吐司更美味的99道魔法

池田浩明／著
李友君／譯

前言

這本書會介紹99道點子，讓有麵包的餐桌更幸福！

吐司魔法學校「校訓四條」

1. **誰都能輕鬆做！**（3道步驟以內）
2. **用隨處可以取得的材料做！**（附近的超級市場就買得到）
3. **食材有益身體！**（盡量不含添加物）
4. **使用家家戶戶都有的工具！**（以烤箱為主）

稍微費一點功夫就能讓普通的麵包確實變好吃。

很多人常問我怎樣品嚐麵包。麵包屬於西洋文化，或許日本人還沒有像吃飯一樣學會麵包的吃法。只要能將麵包的各種吃法彙總成一本書，經常放在廚房各處，就可以讓日本的餐桌變得更幸福。

我吃過形形色色的麵包，記得各種幸福美食的滋味。還有許多熱愛麵包的朋友，教了我五花八門的美味訣竅。將這些訣竅歸納成九十九個方法後就成了這本書。

書裡沒有繁瑣或困難的方法。其實我本人是吐司魔法學校的留級生，專門吃東西，很有把握會把料理做得一團糟。既然我做得到，各位就沒道理做不到。

這裡介紹的方法沒有使用特殊材料和複雜的工具，避開蘊含添加物的食材和濃烈的調味。我能感覺得出，當充分了解麵包和材料的滋味，搭配成發揮彼此優勢的餐點時，麵包就會顯得很開心。

池田浩明

卷首漫畫
畫／堀道廣
作／池田浩明
閃亮
閃亮
閃亮
啊！
閃亮
閃亮
紅豆麵包
果醬麵包
奶油麵包
……
哇！
突然
直立
閃亮
閃亮
為什麼
只有我的
會變成
這樣？
閃亮
閃亮
唰
真拿她
沒辦法
……

咚——
嚇——
哇、哇哇……
哎呀——救命啊——
啪嗒
啪嗒
閃亮
閃亮
閃亮
咻
喂，小鬼！
哎呀……
很抱歉我嚇到妳了。
吐司說話了！
雖然妳總是把我們烤得又焦又黑，
但我們也想變得美味而容易入口啊。
對不起……
正是如此。
啊，校長！
吐司是農家和麵包店用汗水和淚水打造的結晶。只要悉心享用，吐司也會覺得開心的！
呼嘎——那就來努力學習吐司的美味吃法吧——！

CONTENTS 目次

魔法學校　登場人物介紹

美美

天真的冒失鬼，會惹出駭人聽聞的重大失誤，是學園當中需要特別關注的人物。魔杖是半桶水證照巧克力螺旋麵包。

柯螺涅

優等生。但在正經八百的外表下，也有略微脫線的一面。魔杖是巧克力螺旋麵包。

牛角麵包校長

仙女魔鏡魔法學校的最高領袖。魔杖是特級證照法式長棍麵包。

焦黑弟弟

強烈鼓勵別人把他做成美味麵包的吐司。

本書規章

關於烤箱

・可以用無溫度調節功能和不能切換瓦數的陽春機種。
・餘溫一定要有三分鐘左右。
・本書撰寫的烘烤時間是使用一千瓦烤箱時的估計值。每座烤箱的個性不同，要掌握所持機種的特性自行修正。

關於調味

・這本書並非食譜，而是點子集。鹽巴和辛香料的分量皆為「適量」，麻煩各位調製成自己喜歡的味道。
・雖然沒有特別禁止使用乾燥辛香料，但使用新鮮的會更美味。

第1章

基礎魔法

我們來提升
吐司魔法的基礎學力吧。

魔法 1

認識吐司

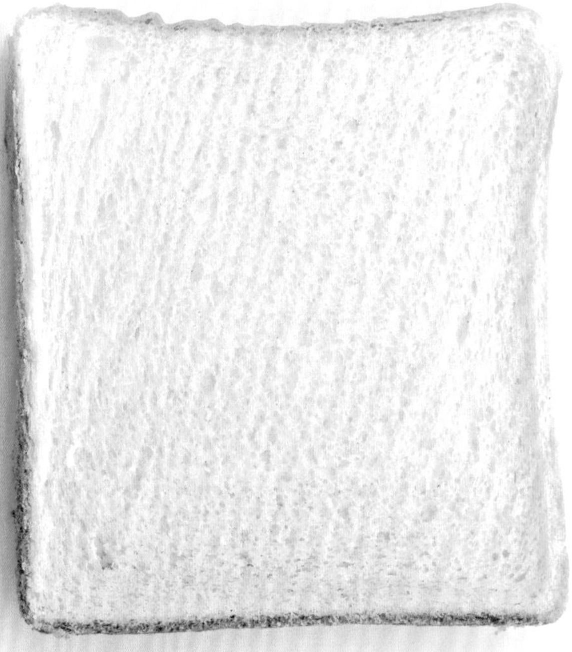

吐司是什麼?

吐司於十八世紀誕生於英國，是將麵團放進模型後烤成的點心。就如法文稱之為「Pain de Mie」（白吐司）一樣，其特徵在於外皮的比例較少，能夠吃到很多白色的部分。

山形吐司和方形吐司

吐司可分為「山形吐司」和「方形吐司」。假如烘烤時模型沒有蓋上蓋子，麵團膨脹的部分就會像山一樣蹦出來，變成山形吐司（英國麵包的形狀）。要是蓋上蓋子，就會變成方形吐司（誕生於美國的普魯曼麵包）。

方形吐司被蓋子壓住，孔洞緊密，口感滑潤。山形吐司沒有被壓住，能夠任意膨脹，孔洞也很大，口感鬆軟。

滋味的差異

超級市場和麵包店陳列的吐司加工商品各有不同。豪華的產品會添加許多奶製品和油脂，陽春的產品則會減少或完全不添加這些成分。了解這些特徵以後，就會更容易找到自己想吃的麵包。以我個人的喜好來說，想要與正餐搭配時會選擇甜味少的產品，想吃甜的東西時吐司也會選甜的。

當然，吐司也有鬆軟、滑嫩和其他不同的口感。只要在想像食用方法的同時選擇那些產品，就可以品嚐樂趣。

魔法
2
認識烤法種類

「生吃」

烘烤時間：0分鐘

麵包師傅的工作當中最熟悉的做法。剛買回來的吐司在烘烤之前要生吃一次看看。

「一分熟」

烘烤時間：約1分鐘左右

表面烘乾後烤出來的顏色還是白的。感覺很溫暖。

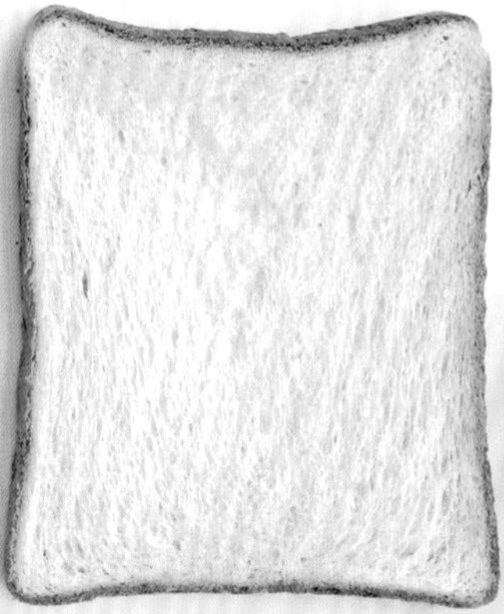

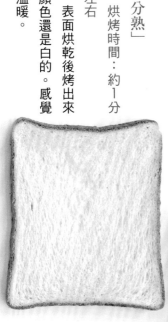

「五分熟」　烘烤時間：約2分鐘

俗稱的「黃褐色」狀態，是大眾所抱持的美味吐司形象。

「全熟」　烘烤時間：約3分鐘左右

烤到快焦。口感清脆，滋味變得強烈。

「三分熟」　烘烤時間：約1分30秒

染上薄薄一層烘烤的顏色。白色部位保留了下來，也能品嚐到生吃的感覺。

魔法

3

認識厚度的意義

認識厚度的意義之後，
想像成品的能力就會變強，
往理想的美味靠攏。

切成4片

品嚐中間部分時會有黏稠感，適合做奶油吐司。跟配料混搭時麵包的味道會比較強。喫茶店會作這種吐司。

切成5片

厚度僅次於切成4片，能夠飽嚐中間白色的部分，適合做奶油吐司，比切成4片還容易溶化。

切成6片

雖然中間白色的部分和黏稠感都還在，但也容易跟配料混搭。這種標準款吐司會截長補短，兼具厚片吐司和薄片吐司的特徵。

切成8片

切成8片比較能夠飽嚐表面的香氣和酥脆感，而非中間白色的部分。這樣的厚度容易溶化，容易入口，跟配料混搭時口感會很均衡。

三明治用（切成12片）

三明治吐司沒有外皮，相當容易入口。這樣的厚度會襯托配料的滋味，假如單吃麵包就會覺得意猶未盡。

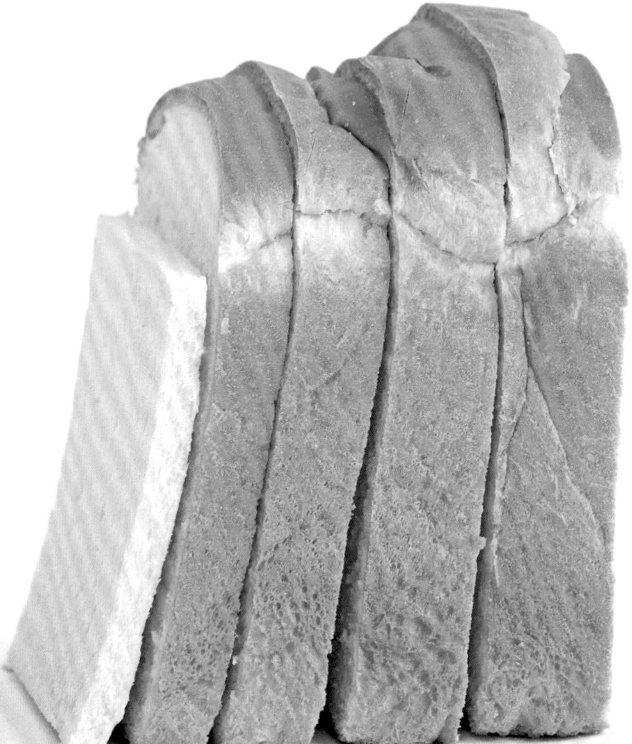

12片切（1cm）

8片切（1.5cm）

6片切（2cm）

5片切（2.5cm）

4片切（3cm）

魔法 4

刻出痕跡

只要先刻出痕跡再烘烤，就很容易裂開，吃起來很輕鬆，熟到裡頭去的酥脆之處會增加，口感就會發生變化。奶油也會滲進內部。

十字

刻痕的條數改變後，
口感和食用難易度也會改變。

縱線2條，橫線2條

斜線各8條

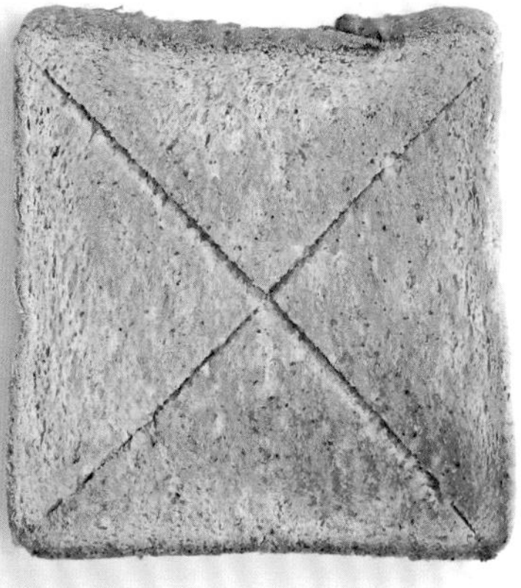

斜線各1條

魔法 5

用模子刻出痕跡

用星形、圓形或其他形狀有趣的模子，就能輕鬆刻出痕跡。

魔法
6

切成口袋狀

將一條吐司切成4～6片，
再把厚厚的吐司分成兩半，用菜刀劃過中間後，
就會切成口袋。
適合將咖哩之類
帶有水分的餡料放進去。

魔法
7

縱向一分為二的吐司

只要先切割再烘烤，
側面就會增加，產生全新的「外皮」。
香噴噴的地方會增加，連裡頭都熟得很徹底，
所以會變得輕盈。

魔法 8

各種刀切法

只要切成棒狀，怕吃麵包的小孩也能輕鬆入口。平行四邊形的角很多，嘴小的人會很滿意這種形狀。

魔法
9

用擀麵棍擀長

把一條吐司切成8片，
用擀麵棍將兩面擀長擀薄再烘烤，
這樣一來，連外皮都會酥脆起來，
變得非常爽口。
適合做成披薩或麵包片。

用在魔法15、16、17、18和65當中。

魔法 10

想像力

照片展現不出的魔法

有時不管做什麼麵包都好吃不起來。好像做失敗了，想要設法挽回又再遭遇失敗，做出的東西難吃到手都不會去碰，就像是高爾夫球手打出高於標準桿兩桿或三桿一樣扼腕。為什麼會發生這種事呢？

該不會是想像力變弱了吧？腦中沒有明確描繪出完成的模樣。因為細節變得貧乏，所以每一道流程就變得優柔寡斷。要怎麼切割食材？要烤到什麼程度？要拿什麼跟什麼搭配？回想自己的製作方式就會發現，一旦完成的模樣含糊不清，過程當中也會產生迷惘。

反過來說，能夠做出美味麵包的日子，則會描繪出逼真的形象。從明確的形象逆推回去，妥善將每一道流程規畫到細節處。之後一切就要照計畫進行，以便能導向某個目標。這時吃麵包實在很開心。

光是改變吐司平常的切法，就會連滋味都改變。當一位麵包發燒友教我這招的時候實在是嚇了一跳。麵包切細之後放進嘴裡的方式就會不同，動搖原以為熟悉的味覺惰性，覺得可口。

吐司切一半再吃沒那麼稀奇。雖然通常是烤過再切，但光是切過再烤，滋味和口感也會變得不同。截切面也可以火烤，產生新的外皮，內部也更容易加熱。口感更酥脆，香氣也會增加。只需重新評估早已習慣的步驟，吐司就會變得好吃。

刀切法
聽好了，妳們兩個。
今天要嘗試以不同的切法食用普通的吐司。
……這是什麼玩意啊？
您看，我把吐司切成絲了。
美美同學，這張薄薄的東西是什麼？
您看，我把吐司切得跟紙一樣了。
好透明……
輕薄

第2章

烘烤魔法

將烤箱當作魔法盒的方法。

魔法
11
烘烤

打個蛋到洞裡去

打個蛋到開在中間的洞裡去。
趁著黏糊狀態，介於凝固和尚未凝固時，
從烤箱裡拿出來。

材料

- 將1條吐司切成4~5片……取1片
- 蛋……1個
- 黑胡椒、鹽巴（依喜好）

1. 在吐司的中央挖開直徑5~6公分的洞（小心別弄破底部）。
2. 打個蛋到洞裡去。
3. 替吐司噴霧後，就放進帶有餘溫的烤箱裡，用鋁箔紙覆蓋烘烤約9分鐘。接著再拿掉鋁箔紙烘烤約1分鐘。

point

容易燒焦的東西要用噴霧器打濕，讓麵包和配料烤熟的時機吻合。

魔法
12
烘烤

鐵板燒

假日的早晨，跟家人或朋友一起享受早午餐也不賴。這時鐵板燒就可以大展身手了。煎烤每個人喜歡的配料，蓋在麵包上食用。

- 吐司（三明治用）……適量
- 蛋……適量
- 培根……適量
- 洋蔥（切片）……適量
- 蘆筍（煮過）……適量
- 青花菜（煮過）……適量
- 馬鈴薯（煮過）……適量
- 紅蘿蔔（煮過）……適量

番茄麵包片

魔法 13 烘烤

只需將切成圓片的番茄排列在麵包上烘烤，就會甜得讓人吃驚。做法愈簡單，就愈能襯托食材和麵包。

材料

- 將1條吐司切成6~8片……取1片
- 番茄（小）……1個
- 鹽巴……適量
- 橄欖油……適量（不加亦可）

1. 番茄切成5~7公釐厚的薄片。
2. 將材料1鋪滿吐司上（這時要盡量擺到連邊緣都好好鋪上，不讓麵包露出來）。
3. 撒上鹽巴，撒滿橄欖油，放進烤箱中，用鋁箔紙覆蓋烘烤約5分鐘，再拿掉鋁箔紙烘烤約1分鐘。

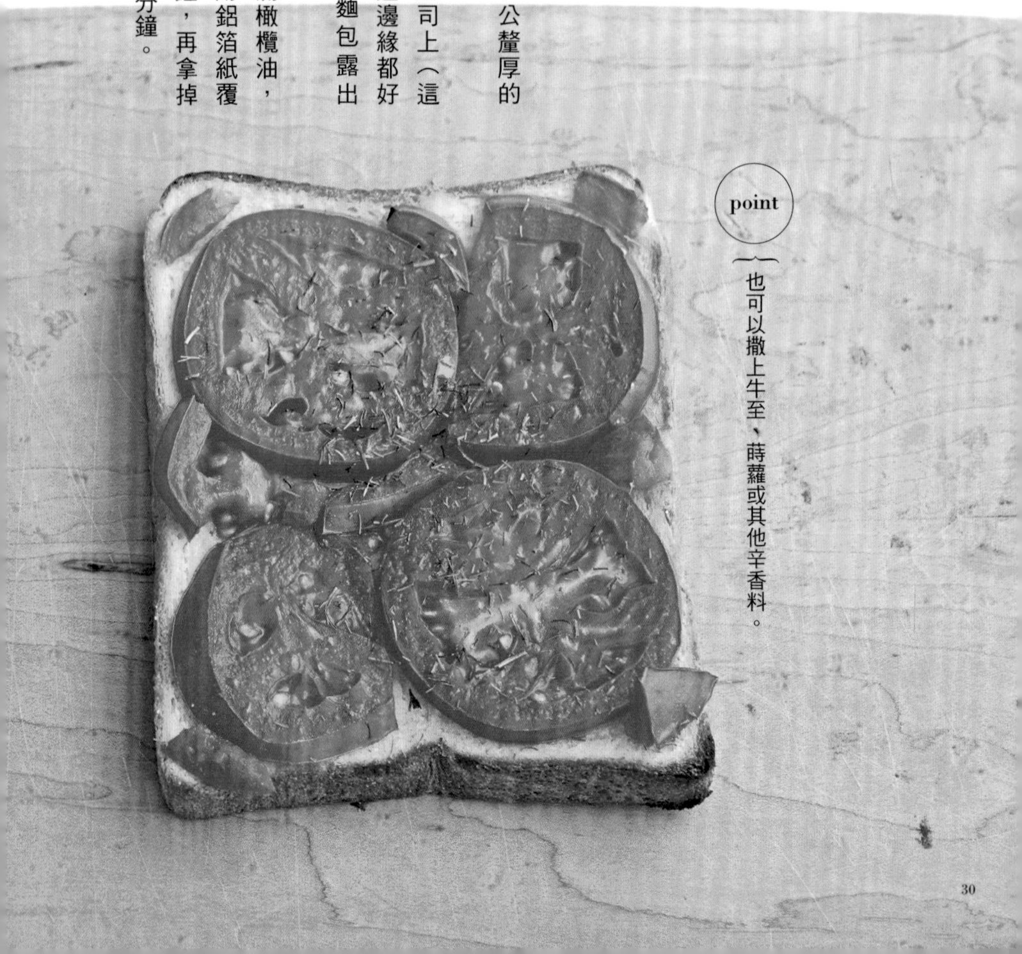

point

也可以撒上牛至、蒔蘿或其他辛香料。

漢堡［番茄麵包片改製］

蘊含胺基酸的番茄洋溢鮮味，單憑這個就可以用來調味。將肉末牛排而非漢堡排夾起來，也可以輕鬆做成漢堡。

魔法 14 烘烤

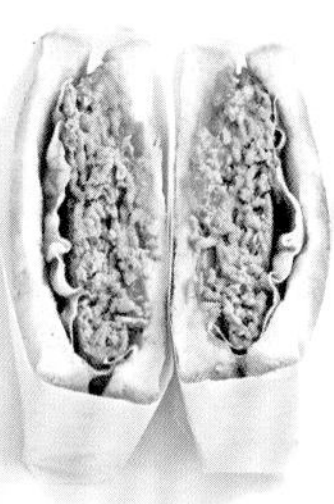

材料

- 將1條吐司切成8片……取2片
- 番茄（小）……1個
- 鹽巴……適量（用力撒）
- 橄欖油……適量
- 肉末（混合肉）……150公克
- 黑胡椒……適量
- 肉荳蔻……適量（依喜好）
- 萵苣……1片

1. 將1片吐司依照魔法13的要訣放上番茄，再跟另一片完全沒放任何配料的吐司一起放進烤箱裡，用鋁箔紙覆蓋烘烤約5分鐘，再拿掉鋁箔紙烘烤約1分鐘。
2. 平底鍋倒上一層橄欖油加熱後，就將肉末放進去煎成牛排。煎烤的同時要撒上鹽巴、胡椒和辛香料，再用鍋鏟輕壓，弄成比麵包小一點的尺寸。等到裡面都熟了就可以起鍋。
3. 將萵苣和材料2夾在兩片麵包之間。

point

沒有放番茄的另一片吐司，假如蓋上洋蔥片或起司片烘烤，就會做出豪華版漢堡。

伐木工人披薩

【番茄麵包片改製】

魔法15 烘烤

只要將起司和各種配料覆蓋在番茄麵包片上，輕而易舉就可以做出披薩。假如放上香菇，就成了樵夫愛吃的伐木工人披薩。

材料

- 將1條吐司切成6～8片……取1片
- 番茄（小）……1個
- 鹽巴……適量
- 橄欖油……適量
- 鴻喜菇……10株左右
- 舞菇……5株左右
- 蘑菇（2公釐左右的薄片）……1個左右
- 黑胡椒……適量
- 莫札瑞拉起司（起司片亦可）……適量

1. 將1片吐司依照魔法9和魔法13的要訣做好前置作業，用鋁箔紙覆蓋，放進烤箱烘烤5分鐘左右。
2. 將塗了橄欖油的鴻喜菇、蘑菇和舞菇放在材料1上，撒上黑胡椒，放上起司。
3. 放進烤箱烘烤5分鐘左右。等起司染上金黃色後就完成了。

point

裡面烤熟且殘留水分的狀態最為可口。香菇要在不會重疊太多的範圍內放很多上去。要配合自家的烤箱找出絕妙的烘烤時機。

魔法
16
烘烤

主廚當日精選披薩

[番茄麵包片改製]

主廚當日精選指的是材料依主廚當天「心血來潮」而定。這裡刊載的就是其中一個例子。試著將冰箱裡的蔬菜切片，一股腦兒都放上去吧。

材料

- 將1條吐司切成6~8片……取1片
- 番茄（小）……1個
- 鹽巴……適量
- 橄欖油……適量
- 黑橄欖（切半去籽）……4個
- 蘑菇（2公釐左右的薄片）……1個
- 洋蔥（2公釐左右的薄片，要1條1條撕下來）……適量
- 黑胡椒……適量
- 莫札瑞拉起司（起司片亦可）……適量

1. 將1片吐司依照魔法9和魔法13的要訣做好前置作業，放進烤箱烘烤5分鐘左右。
2. 將黑橄欖、塗了橄欖油的蘑菇和洋蔥放在材料1上，撒上鹽巴和黑胡椒，放上起司。
3. 放進烤箱烘烤5分鐘左右。等起司染上金黃色後就完成了。

point

單純放上羅勒就是瑪格麗特披薩，放上紅蘿蔔片就是瑪麗拉娜披薩，而在瑪麗拉娜披薩上放鯷魚就成了拿坡里披薩。

魔法 17 烘烤

火焰薄餅

這是法國亞爾薩斯當地口味的麵包。洋蔥的辛辣和甘甜交錯之處帶有醍醐味。正規的做法是塗上法式白乳酪，但由於難以取得，所以就用了酸奶。

材料

- 將1條吐司切成8片……取1片
- 培根……1片
- 洋蔥（2公釐左右的薄片，要1條1條撕下來）……1/8個
- 酸奶（沒有時用起司代替）……適量
- 鹽巴……適量
- 橄欖油……適量
- 黑胡椒……適量

1. 將吐司以魔法9的要訣擀長，塗上酸奶，鋪滿洋蔥，再撒上培根。
2. 撒上鹽巴和橄欖油，放進烤箱裡，用鋁箔紙覆蓋烘烤約5分鐘，再拿掉鋁箔紙烘烤4分鐘左右。

point

將吐司改成三明治之後，酥脆度就會提升更多。

魔法
18
烘烤

馬鈴薯酥餅

正規的做法是將馬鈴薯絲用平底鍋來煎，但若用吐司當底座盛裝，就可以享用馬鈴薯和麵包這兩個意外對味的碳水化合物。

材料

- 將1條吐司切成8片……取1片
- 馬鈴薯絲……半個
- 鹽巴……適量
- 橄欖油……適量
- 黑胡椒……適量
- 迷迭香……適量

1. 將馬鈴薯切絲。
2. 將吐司以魔法9的要訣長，上頭鋪滿材料1，撒上橄欖油、鹽巴、黑胡椒和迷迭香。
3. 將材料2放進烤箱裡，用鋁箔紙覆蓋烘烤7分鐘，再拿掉鋁箔紙烘烤3分鐘。

point

馬鈴薯要在不會重疊太多的範圍內放很多上去，鋪到麵包的邊緣，這樣就會美味可口，麵包也不會燒焦。也可以用平底鍋單煎馬鈴薯，之後再放到吐司上。

西班牙蒜爆香菇

蒜爆是西班牙酒吧料理的基本款。
只要使用鋁箔紙，
就能跟麵包一起用烤箱烘烤，
不弄髒鍋子就能輕鬆完成。

魔法
19
烘烤

材料

- 將1條吐司切成6～8片……取1片
- 鴻喜菇（容易入口的大小）……10株左右
- 蘑菇（切成薄片）……2個左右
- 鹽巴……適量
- 橄欖油……適量
- 大蒜（切成薄片）……半顆
- 辣椒（可用一味辣椒粉或其他辣椒粉代替）……1/3個
- 黑胡椒……適量（依喜好）

1. 將鋁箔紙折成直徑6、7公分的盤狀，放進香菇、大蒜和辣椒，注入橄欖油（所有香菇都塗到的程度），撒上鹽巴和黑胡椒。
2. 將材料1放進預熱過的烤箱裡。
3. 等5分鐘後就連吐司一起放進去，再等5分鐘後才拿出來。

point

將麵包浸泡在剩下的油再食用會很好吃。鋁箔紙容易一不小心就戳出洞來，處理時要留意。只將舞菇放進去也很好吃。

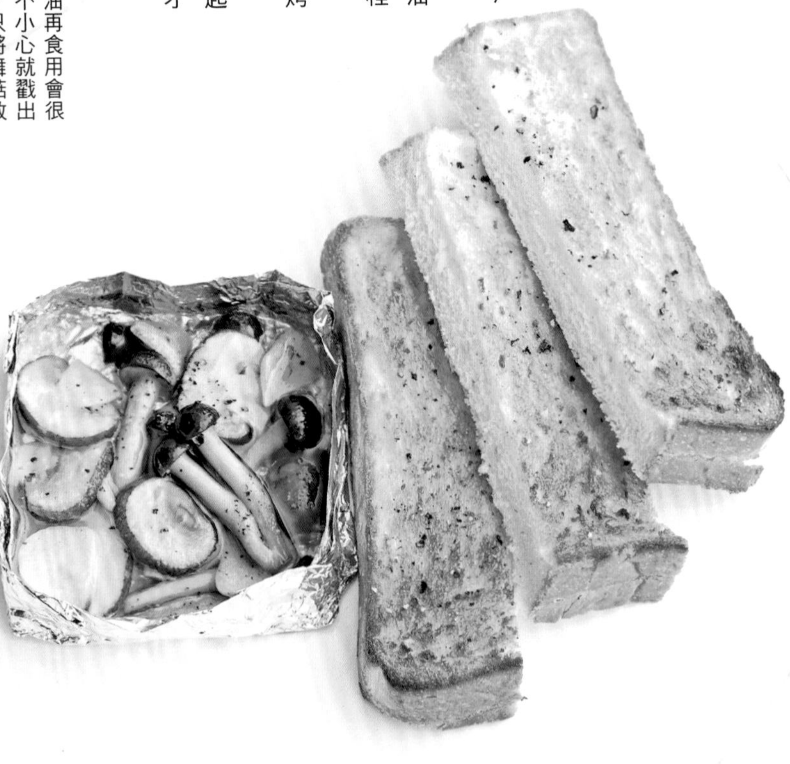

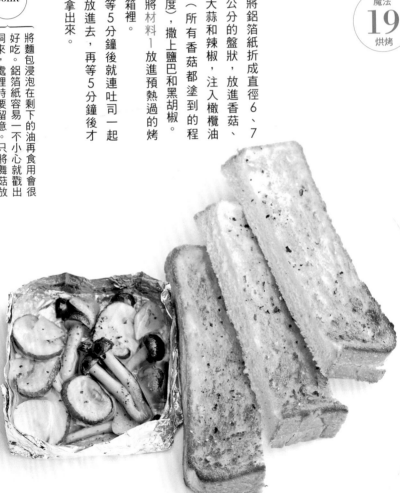

西班牙蒜爆魩仔魚

魔法20 烘烤

西班牙蒜爆料理會放鯷魚進去代替柴魚高湯，跟沙丁魚的幼魚魩仔魚也相當合拍。要趁著橄欖油還沸騰的時候熱呼呼地食用。

材料

- 將1條吐司切成6～8片……取1片
- 魩仔魚……15公克左右
- 橄欖油……適量
- 大蒜（切成薄片）……半顆
- 辣椒（可用一味辣椒粉或其他辣椒粉代替）……1/3個
- 黑胡椒……適量（依喜好）

1. 將鋁箔紙折成直徑6、7公分的盤狀，放進魩仔魚、大蒜和辣椒，注入橄欖油（所有香菇都浸潤到的程度）。
2. 將材料1放進預熱過的烤箱裡。
3. 等5分鐘後就連吐司一起放進去，再等5分鐘後才拿出來。

point

使用蒜爆料理中必定出現的蝦子，或是換成蛤蜊也很有意思。假如依照喜好加蔥，或是擠檸檬和其他柑橘類的汁液淋上去，就能清爽食用。

炙烤油漬沙丁魚

魔法 21 烘烤

豪邁地將罐頭直接放進烤箱裡，等到氣泡咕嚕咕嚕湧現時就拿出來，放在麵包上吃，或是拿麵包浸泡在油裡再吃。這道料理在烤肉和露營時也很好用。

材料

- 將1條吐司切成4～8片……取1片
- 油漬沙丁魚……1罐
- 迷迭香……適量
- 檸檬……1顆
- 黑胡椒……適量（依喜好）
- 百里香……適量（依喜好）
- 山椒……適量（依喜好）

1. 將迷迭香撒在開封的油漬沙丁魚上，放進烤箱裡。
2. 材料1烘烤10分鐘後，就連吐司一起放進去，再加熱約5分鐘。
3. 擠檸檬汁上去，依照喜好撒上黑胡椒、百里香和山椒等。

point

只要將現煮青花菜、花椰菜、生蕪菁、黃瓜、紅蘿蔔和其他蔬菜，浸泡在罐頭當中剩下的滷汁再食用，就會變成熱沾醬沙拉的風味。

魔法
22
烘烤

鮪魚多汁三明治

這是美國的基本款三明治。由於加熱之後從鮪魚冒出的油、滷汁和蔬菜的汁液會讓吐司泡漲，配料往下沉，所以就取了這個名字。

材料

- 將1條吐司切成4片……取1片
- 鮪魚……1罐
- 百里香……適量
- 牛至……適量
- 番茄……1片
- 洋蔥（切成碎末）……1/4個
- 續隨子……適量
- 豪達起司……適量
- 羅勒醬……依喜好

1. 將鮪魚罐頭倒在吐司上，撒上百里香和牛至，放上番茄、洋蔥、續隨子和羅勒醬，最上面則要放豪達起司。

2. 將材料1放進烤箱裡，用鋁箔紙覆蓋烘烤5分鐘，再拿掉鋁箔紙，烤到豪達起司染上金黃色後就完成了。

point

截面照片。只要配料像這樣嵌進吐司裡就完成了。

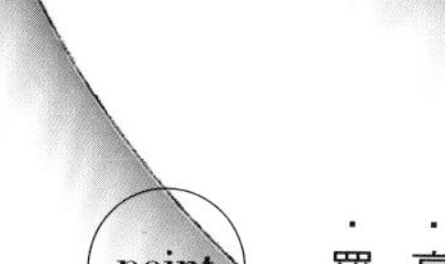

魔法學校學生的研究筆記

【烘烤魔法】

烤箱就只是烘烤麵包的箱子嗎？只要在烤麵包的同時連烹飪一起做，就不必多花工夫了。

問題在於同時烘烤食材和麵包。水分稀少且蘊含糖分的麵包比較容易沾染顏色，蔬菜烤熟之前麵包就先焦掉了。

解決這個問題的方法就是將鋁箔紙鋪在上面。既然沒有直接碰到火，就可以避免燒焦。假如烤箱有溫度調節的功能，降低溫度也是一個方法。要是烤焦了還有個絕招，就是用菜刀削除掉。要記得仔細想像完成的樣子，從這裡逆推回去，擬定所有的步驟。

鋁箔紙
鋁箔紙
只要像這樣將鋁箔紙鋪在上面，
就不會烤焦了。
鋁箔紙當中蘊含著魔法的祕密呢。
咦？今天美美同學人呢？
……
鋁箔紙

第3章

覆蓋魔法

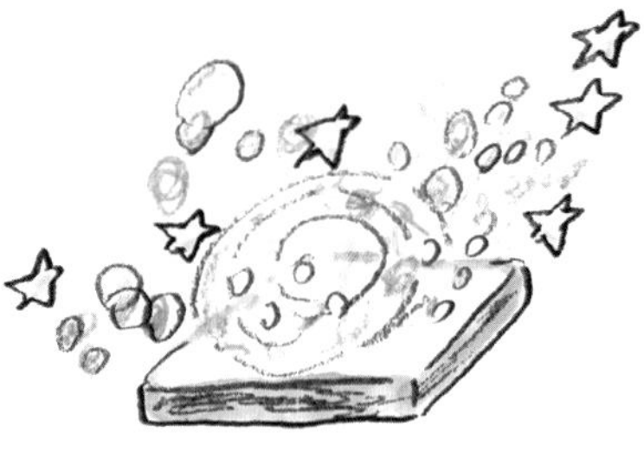

呼呼咻咻，
覆蓋之後佳餚就完成了。

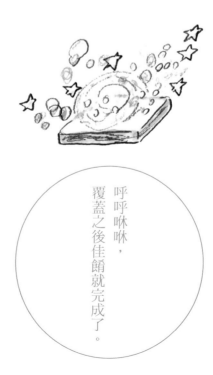

魔法
23
覆蓋

奶香煎烤鱈寶

鱈寶原本就是能夠輕鬆在家食用的魚貝類糊狀食品。只要沾上奶油，烤出恰到好處的顏色，就會做出美妙的甜味。

材料

- 將1條吐司切成6～8片……取1片
- 奶油……適量
- 山葵……適量
- 荷蘭芹（依喜好）

1. 平底鍋加熱融化奶油，將鱈寶雙面煎成黃褐色。
2. 將吐司烤成三分熟～五分熟，塗上奶油和山葵，再放上材料1。

point

鱈寶也可以用烤箱烘烤，要小心這時會容易燒焦。

魔法
24
覆蓋

麥芽糖色洋蔥麵包片

只要將洋蔥仔細翻炒到變成麥芽糖色就會誘發甜味，再多麵包都吃得下。

材料

・洋蔥（切成薄片）……1個
・培根……2片
・鹽巴……適量
・黑胡椒……適量

1. 將洋蔥用平底鍋炒成麥芽糖色，還要加鹽巴和胡椒。
2. 同時培根也要在相同的平底鍋當中煎到酥脆為止。
3. 將吐司烤成三分熟～五分熟，塗上奶油，再放上材料2。

point

嶄新的洋蔥季會讓人想要享受食材本身的甜味。只要輕輕翻炒保留清脆口感，再撒上孜然也會很好吃。

魔法
25
覆蓋

鯖魚罐頭麵包片

鯖魚在世界各地會跟麵包一起吃，其中著名的有土耳其的鯖魚三明治。裸麥麵包和青魚特別對味。

材料

- 將1條吐司切成4～8片（裸麥吐司更好）……取1片
- 水煮鯖魚……1/2罐
- 洋蔥（切成薄片，泡水去除澀味）……1/8個
- 青紫蘇葉……2片
- 檸檬……適量
- 百里香……適量
- 黑胡椒……適量
- 橄欖油……適量

1. 將吐司烤成三分熟～五分熟。
2. 將水煮鯖魚搗碎鋪滿吐司，再放上洋蔥和青紫蘇葉。
3. 擠檸檬汁上去，撒上橄欖油和辛香料。

point

將辛香料改成蒔蘿就是北歐風味，改成山椒就成了和風。味噌煮鯖魚也很好吃。麵包也可以改成雜糧麵包或全麥麵包。

酪梨麵包片

酪梨能夠讓人
同時感受到油香和清爽，
既便宜又可以隨興搭配麵包。

魔法 26 覆蓋

材料

- 將1條吐司切成6~8片……取1片
- 酪梨……半個
- 橄欖油……適量
- 鹽巴……適量
- 檸檬……適量
- 粉紅胡椒（黑胡椒）……適量

1. 將吐司烤成一分熟，要烤到還是生的。
2. 酪梨切半，用湯匙舀起，鋪滿麵包。
3. 撒滿橄欖油、鹽巴和檸檬。

point

將火腿、培根、煙燻鮭魚或蝦子一起放上去也很好吃。

義大利風馬鈴薯沙拉

以前去酒吧時，老闆在我面前做了這個給我。原以為馬鈴薯沙拉要用美乃滋來做，所以覺得很新鮮。這道料理比較容易搭配酒和其他料理一同食用。

魔法
27
覆蓋

材料

- 將1條吐司切成8片……取1片
- 馬鈴薯……中等大小1個
- 橄欖油……適量
- 鹽巴……適量
- 蒔蘿……適量
- 黑胡椒……適量

1. 將馬鈴薯放進微波爐加熱到變得夠軟為止。
2. 馬鈴薯去皮，用湯匙搗爛，同時拌入橄欖油、鹽巴和辛香料。
3. 將吐司烤成一分熟～三分熟，再鋪滿馬鈴薯。

point

這道料理也可以做很多放著，但在食用前再撒鹽巴、橄欖油和辛香料會比較好吃。

魔法
28
覆蓋

油漬沙丁魚乾

沙丁魚、柳葉魚和其他魚乾還剩下很多。假如事先泡在橄欖油當中，隔天就可以跟麵包一起吃。

材料

- 將1條吐司切成8片……取1片
- 橄欖油……適量
- 魚乾……適量
- 黑胡椒……適量
- 蒔蘿……適量（依喜好）
- 洋蔥片……適量
- 檸檬……適量（其他柑橘類亦可）

1. 搗碎剩下的魚乾，跟橄欖油、黑胡椒或喜歡的辛香料混合。
2. 將吐司烤成三分熟～五分熟，放上材料1。
3. 再在上頭放洋蔥片、檸檬。

point

沙丁魚乾既可以現做現吃，也可以擱置一晚保存兼入味。

魔法
29
覆蓋

火烤當季蔬菜

蔬菜烤過之後香味就會截然不同，真想品味當季的香氣。撒上橄欖油和鹽巴之後，就會跟麵包非常對味。

材料

- 將1條吐司切成6～8片⋯⋯取1片
- 青龍辣椒⋯⋯1根
- 小芋頭⋯⋯1個
- 蔥⋯⋯適量
- 舞菇⋯⋯1株左右
- 蓮藕⋯⋯適量
- 橄欖油⋯⋯適量
- 鹽巴⋯⋯適量
- 黑七味粉（黑胡椒亦可）⋯⋯適量

1. 蔬菜切成約1公分的寬度，用網烤烤到熟。
2. 將鹽巴和黑七味粉撒在材料1當中，放到麵包上，再撒滿橄欖油。

point

想要輕鬆烹調的話，用平底鍋預熱橄欖油會比網烤來得快。假如有煎烤鍋就更好了。這個食譜是冬季版，夏天則要使用夏南瓜、三色甜椒和迷你番茄。

奶香甘納豆

甘納豆和奶油很對味，
可以輕鬆享用。
色彩繽紛甘納豆很漂亮。

魔法
30
覆蓋

材料

- 甘納豆……適量
- 奶油……適量

1. 將吐司烤成三分熟～五分熟，塗上奶油。
2. 放上甘納豆。

生火腿佐西洋梨

用不著說明，這就是前菜的基本款。

魔法
31
覆蓋

材料

・將1條吐司切成6~8片……取1片
・西洋梨……1個
・生火腿……3片

1. 將吐司直接塗上奶油或是烤成一分熟再塗，放上切成一口大小的西洋梨。
2. 將生火腿放在材料1上。

point

〜換成桃子、無花果、哈密瓜和其他水果也很好吃。

魔法 32 覆蓋

馬斯卡邦起司佐草莓

近年來超級市場也在賣的馬斯卡邦起司，這種食材天生就有辦法襯托水果。

材料

- 將1條吐司切成6～8片……取1片
- 草莓（薄片）……5個
- 馬斯卡邦起司……適量

1. 將生吐司塗上馬斯卡邦起司，放上切成1/3薄片的草莓。

point

用桃子、無花果、哈密瓜、西洋梨和其他各種水果來做就會變得很好吃。不只是水果，塗上果醬也能享用美食。

巧克力佐奶油

魔法 33 覆蓋

「媽媽，有沒有下午茶點心～？」
這時就要將巧克力和奶油從冰箱裡
拿出來放在現成的麵包上，
做出法國的基本款料裡。

材料

・將1條吐司切成4～8片……取1片
・片狀巧克力……適量
・奶油……適量

1. 將吐司烤成三分熟～五分熟。
2. 將奶油切成薄片放在材料1上。
3. 將片狀巧克力喀啦喀啦折成一口大小，點綴在整片吐司上。

point

奶油切成薄片而非塗抹，這樣就會在口中跟巧克力一起融化，混合之處就會產生快感。法國的吃法是用法式長棍麵包來做，這時麵包就不是暖的了。

魔法 34 覆蓋

巧克力佐柑橘醬

巧克力的微苦和柑橘的酸味相當適合喜歡巧克力的法國人。用覆盆子或蘋果代替柑橘醬也很好吃。

材料

・將1條吐司切成4～8片……取1片
・片狀巧克力……適量
・柑橘醬……適量

1. 將吐司烤成三分熟～五分熟。
2. 將柑橘醬塗滿整片吐司。
3. 將片狀巧克力喀啦喀啦折成一口大小，點綴在整片吐司上。

point

假如先進行步驟2和3再進行步驟1，巧克力就會融化，別有一番美味。

魔法
35
覆蓋

巧克力棉花糖

使用內含酒精或蘭姆酒葡萄乾的巧克力之後，不只會有甘甜，滋味也會變得圓潤，產生變化。

材料

- 將1條吐司切成4～6片……取1片
- 棉花糖（切半）……適量
- 內含蘭姆酒葡萄乾或酒心的巧克力……適量

1. 將巧克力點綴在吐司上，再放棉花糖覆蓋巧克力。
2. 將吐司放進烤箱中，用鋁箔紙覆蓋烘烤約2分鐘，再拿掉鋁箔紙烘烤約10秒，然後就關火蓋上蓋子擱置約2分鐘，等棉花糖融化。

point

內含酒精或蘭姆酒葡萄乾的巧克力，超市或便利商店買得到的有「Rummy」和「Bacchus」，以及「LOOK」等。

橘子沙拉

魔法 36 覆蓋

在義大利會用柳橙來做的菜色，用家裡有的橘子來做也很好吃。這比甜點更有沙拉的感覺。

材料

- 將1條吐司切成6～8片……取1片
- 橘子……半個
- 橄欖油……適量
- 鹽巴……適量
- 蒔蘿……適量（依喜好）
- 檸檬……適量（依喜好）

1. 橘子去皮，跟除了吐司以外的其他材料一起放進大碗裡攪拌。
2. 將這些材料放在一分熟～三分熟的吐司上。

point

〔不用橘子用柳橙也可以，放八角、夏橙或伊予柑也行。〕

〔假如有新鮮蒔蘿或茴香就更好了。〕

香蕉總匯

魔法 37 覆蓋

香蕉甜味強烈，
就算未經加工，也可以單獨配麵包吃。

材料

- 將1條吐司切成4～8片……取1片
- 香蕉……1根
- 肉桂……適量（依喜好）

1. 準備吐司（沒烤過或一分熟）。
2. 香蕉切成圓片，放在材料1上。
3. 依喜好撒上肉桂。

point

撒上蜂蜜或蔗砂糖也不錯。

魔法
38
覆蓋

巧克力香蕉

這是甜點和廟會當中的基本款搭配。

材料

- 將1條吐司切成4~8片……取1片
- 香蕉……適量
- 巧克力醬……適量

1. 準備吐司（沒烤過或一分熟），塗上巧克力醬。
2. 香蕉切成圓片，放在材料1上。

point

用烤箱加熱，讓巧克力和香蕉稍微融化也很好吃。還可以用片狀巧克力代替巧克力醬。

【覆蓋魔法】

麵包上可以覆蓋任何配料。西餐、日餐、中餐，各式各樣的食物都能覆蓋在吐司上。別說是漢堡排、馬鈴薯燉肉或辣味蝦仁，就連日式炒麵、番茄醬義大利麵、中式炒飯和其他碳水化合物，也可以放在碳水化合物上。只要有橄欖油當媒介，生魚片和烤魚也可以跟麵包搭配（魔法28）。

我在研究過程當中，發現想要拿來覆蓋和不想拿來覆蓋的食物之間有一條界線。把憧憬帶進麵包當中是我的願望。歐洲是麵包的故鄉，假如配料能夠感受到當地的飲食文化就會讓我很開心，或許也可以稱之為美麗與熱情。鱈寶（魔法23）只要烘烤得當，也可以變成精緻小飯館的菜單。

覆蓋
西餐、日餐、中餐……
各式各樣的食物，
都可以覆蓋在吐司上。
這是什麼玩意？
我試著將法式長棍麵包覆蓋在吐司上。
從藝術觀點來看或許不錯，但還是會有人把「憧憬」帶進麵包當中喲。
是的。
……

第4章

塗抹魔法

抹上醬料的彩虹，
不再只有奶油。

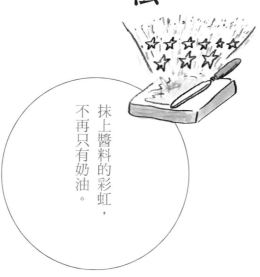

魔法
39
塗抹

奶香鱈魚子

喫茶店有時會出現這種菜色，
但在家裡烹調也能美味到教人感動。
其中帶有明太子法國麵包或塔拉摩沙拉醬的感覺。

材料

・將1條吐司切成4～8片……取1片
・鱈魚子……1條
・奶油……適量

1. 用平底鍋煎烤及搗爛鱈魚子。
2. 將吐司烤成五分熟。
3. 將奶油塗在材料2上，再放上鱈魚子。

point

將鱈魚子換成辣椒明太子也很好吃。只要拿水平切開的法式長棍麵包來做，就會近似於明太子法國麵包。

奶香味噌

魔法 40 塗抹

味噌和奶油相當對味。先塗抹再烘烤就會做出烤味噌串的感覺。

材料

- 將1條吐司切成4～8片……取1片
- 味噌……1小匙
- 奶油……20公克

1. 將味噌和奶油混合。
2. 將吐司烤成一分熟，塗上材料1。
3. 再次烤到味噌冒出香味為止。

point

沒烘烤冷著吃亦別有一番樂趣。味噌換成醬油也很好吃。

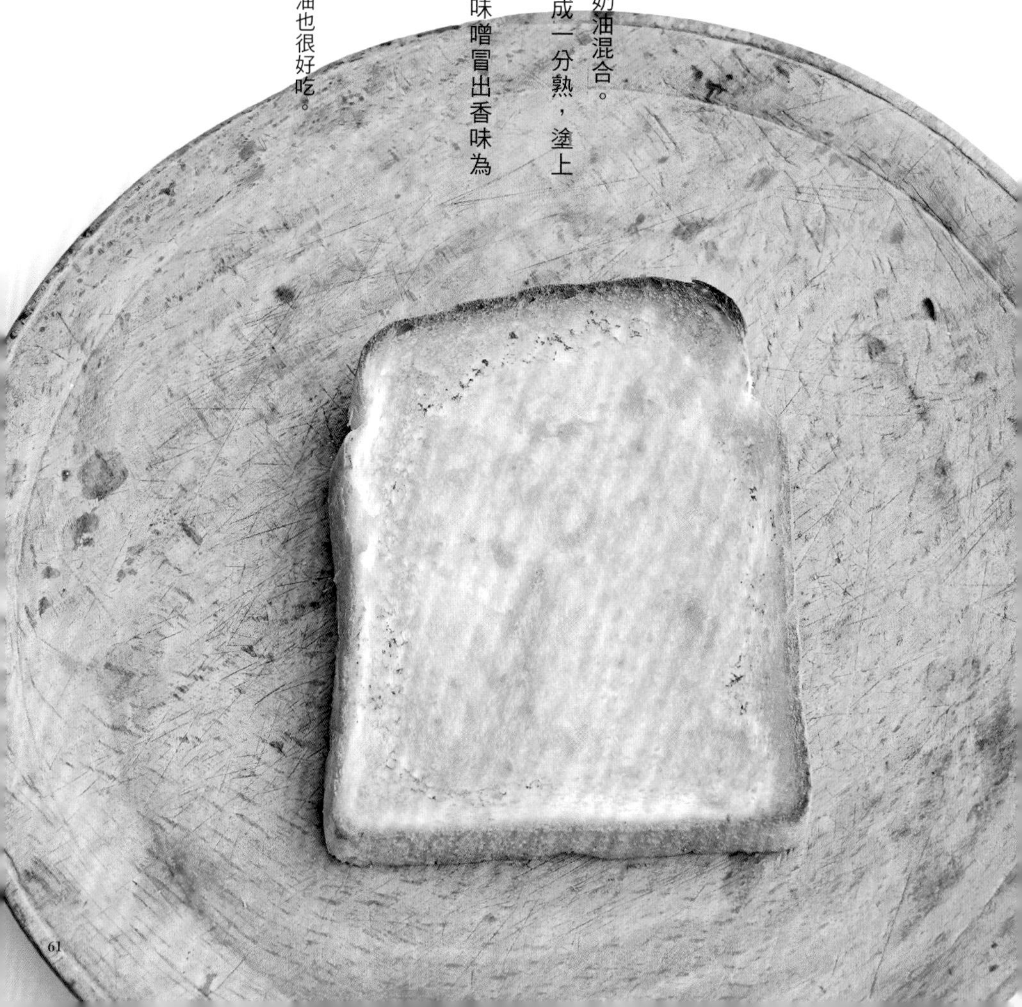

南瓜醬

魔法
41
塗抹

南瓜加溫之後
就會變軟，能夠輕鬆做成醬料。

材料

· 將1條吐司切成4～8片……取1片
· 南瓜……1/8
· 蔗砂糖……2小匙
· 奶油……20公克
· 格雷伯爵茶（泡濃一點）……2大匙

1. 南瓜切成一口大小，放進微波爐加熱到變軟為止。
2. 將蔗砂糖、奶油和格雷伯爵茶放進材料1中，攪拌成醬狀。
3. 將吐司依照喜歡的烤法烘烤，塗上材料2。

point

南瓜有一股跟佛手柑相似的香氣，看得出這跟格雷伯爵茶相當對味。

魔法
42
塗抹

蜂蜜發泡奶油

這是蜂蜜店傳授的美味蜂蜜食用法。

材料

- 將1條吐司切成6～8片……取1片
- 鮮奶油……100毫升
- 蜂蜜……1大匙

1. 鮮奶油要與蜂蜜混合，做成發泡鮮奶油。
2. 將材料1放在吐司上（沒烤過～三分熟）。

point

明明跟鮮奶油混合，卻反而強調了蜂蜜的個性，真是不可思議。特定產地和花朵種類的優質蜂蜜也會讓人想要試試看。

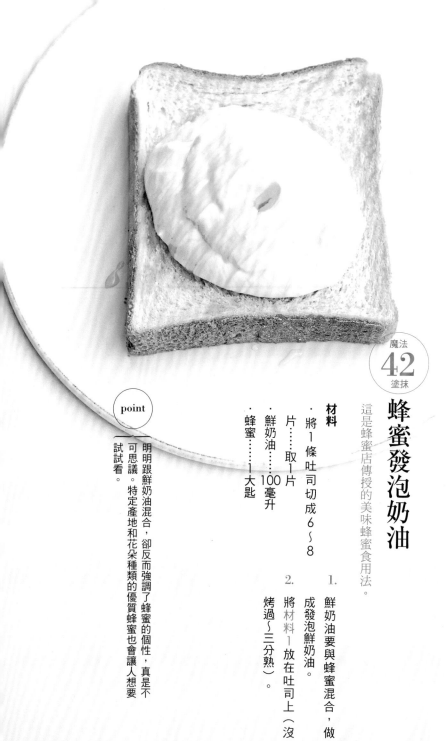

砂糖奶油

基本款中的基本款。
隨時隨地都可以輕鬆製作。

魔法
43
塗抹

材料

・將1條吐司切成4～8片……取1片
・奶油……適量
・細砂糖……適量

1. 將吐司烤成三分熟～十分熟。
2. 塗上奶油。
3. 將砂糖撒滿吐司（用濾茶網就會很簡單）。

point

有些人會將細砂糖換成黑糖做個變化。這時假如使用塊狀糖，就會製造出甜的地方和不甜的地方，很好吃。

魔法 44 塗抹

砂糖檸檬

果實切開的瞬間鮮烈的香氣，
被甜味和酸味撕扯的感覺會讓人上癮。

材料

- 將1條吐司切成6～8片……取1片
- 奶油……適量
- 細砂糖……適量
- 檸檬皮（切成1公分大小，壓爛後會冒出香氣）……適量

1. 將吐司烤成三分熟～五分熟。
2. 塗上奶油，撒滿細砂糖（用濾茶網就會很簡單）。
3. 將檸檬皮點綴在吐司上。

point

檸檬皮用萊姆、酸橘或柚子代替也很好吃。不只是皮，也可以搾成果汁強調酸味。

魔法 45 塗抹

天然熟柿果醬

熟到用手指按壓就會凹的熟柿是天然的果醬。

材料

- 將1條吐司切成6～8片……取1片
- 熟柿……1個
- 奶油起司……10公克
- 黑胡椒……適量（依喜好）

1. 準備吐司（沒烤過或一分熟），塗上奶油起司。
2. 用湯匙搗爛熟柿再放上去。

point

秋天一到，熟透的柿子就可以在蔬果店以非常便宜的價格取得。奶油起司也可以換成馬斯卡邦起司。

味噌冰淇淋吐司

魔法 46 塗抹

將味噌發酵調味，
讓它變成普通的冰淇淋。

材料

・香草冰淇淋……1個
・橄欖油……適量
・味噌……適量

1. 將香草冰淇淋開封，倒入味噌攪拌。
2. 將材料1放在吐司上（沒烤過或一分熟）。
3. 滴上橄欖油。

point

真想像盤裝甜點一樣拿刀叉來吃。味噌也可以用醬油代替。

蘋果吐司

要像蘋果薄片塔一樣，將蘋果薄片放上去。

魔法 47 塗抹

材料

- 將1條吐司切成6～8片……取1片
- 蘋果（盡量切成薄片）……1/4
- 細砂糖……適量
- 奶油……適量

1. 將奶油塗在吐司上，再將蘋果切成薄片（最好用磨碎器進行），像疊疊樂一樣排列在吐司上。
2. 蘋果上要再塗奶油，使用濾茶網等工具撒滿細砂糖。
3. 放進烤箱裡，用鋁箔紙覆蓋烘烤3分鐘，之後再拿掉鋁箔紙烘烤約1分鐘。

point

使用魔法9用擀麵棍擀長之後，就可以享用點心塔般的酥脆感。參考魔法50，淋上焦糖也不錯。

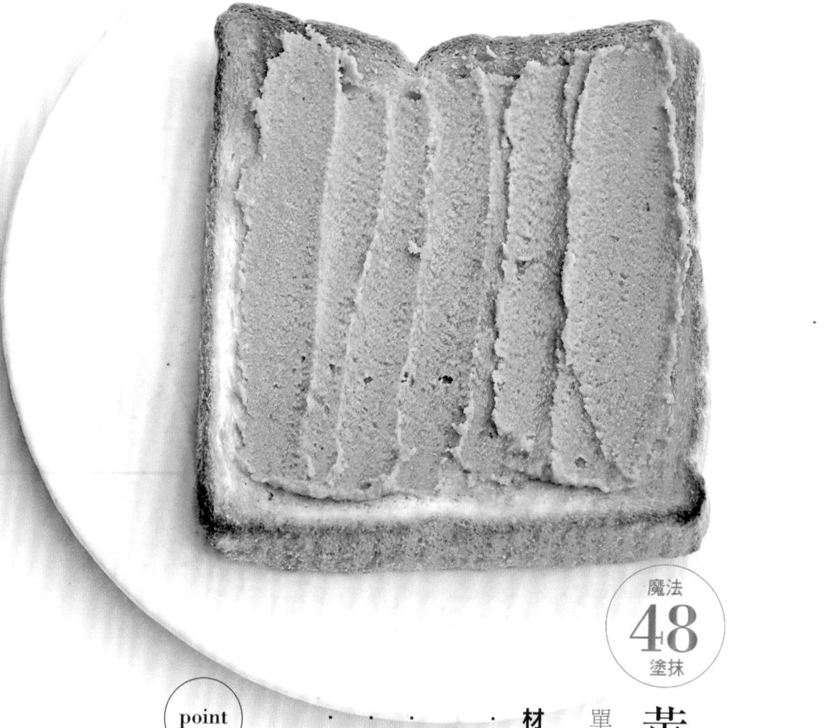

魔法
48
塗抹

黃豆粉鮮奶油

單憑攪拌就能輕鬆完成的和風醬料。

材料

- 將1條吐司切成4～8片……取1片
- 黃豆粉……4小匙
- 蜂蜜……2小匙
- 牛奶……小匙

1. 將黃豆粉、蜂蜜和牛奶混合。
2. 將吐司依照喜歡的烤法烘烤，塗上材料1。

point

還可以再放上白巧克力調味。

紅豆奶油

魔法 49 塗抹

紅豆罐頭

添加洋酒之後，就可以做成客製化餐點。

材料

- 將1條吐司切成4～8片……取1片
- 水煮紅豆罐頭……1/2罐
- 奶油……適量
- 白蘭地（蘭姆酒）……適量

1. 取出水煮紅豆罐頭裡的東西，添加白蘭地混合。
2. 將吐司依照喜歡的烤法烘烤（或是不烘烤），塗上材料1。
3. 將奶油切成薄片放在材料2上。

point

假如不塗奶油，而是用刀子切成薄片放在麵包上，奶油就會在口中融化，能夠品嚐其中的香味。

魔法
50
塗抹

焦糖吐司

就算沒有購買焦糖醬，
做法也意外簡單。
香味又好，還可以享受酥脆的口感。

材料

- 將1條吐司切成6～8片……取1片
- 細砂糖……1大匙
- 奶油……1大匙
- 水……1小匙

1. 將細砂糖和水放進平底鍋裡，開中火加熱。等變成麥芽糖色後就轉為小火，添加奶油。
2. 將吐司放進材料1當中，塗滿表面。

point

添加奶油之前，假如沒有混合材料而是擱置，就可以做得比較乾淨俐落。

牛乳鮮奶油

魔法
51
塗抹

為了配刨冰或草莓吃
而買回來的煉乳，
假如冰箱還有剩，就可以輕鬆製作這道料理。

材料

・將1條吐司切成4～8片……取1片
・煉乳……2大匙
・奶油……2大匙

1. 將煉乳跟奶油混合，再將吐司依照喜歡的烤法烘烤，塗上混合物。

point

範例當中是一半撒抹茶，讓抹茶跟牛奶各占一半。

魔法 52 塗抹

檸檬酪

檸檬酪就是檸檬奶油。
這在英國是下午茶的流行配餐。

材料

- 將1條吐司切成4～8片……取1片
- 檸檬……半個
- 蛋黃……1個
- 奶油……25公克
- 細砂糖……30公克

1. 將檸檬、蛋黃、奶油和細砂糖攪拌成醬狀。
2. 塗上材料1，烤到變黏稠為止。

point

這道料理會用到蛋，必須冷藏保存。建議在10天以內用完，或是在作了很多時冷凍起來。

魔法
53
塗抹

花生奶油&果醬

這裡的果醬是「無顆粒果醬」。
用這個做三明治在美國是便當基本菜色。

材料

・將1條吐司切成4～6片……取1片
・草莓果醬……適量
・花生醬（無糖）……適量

1. 將花生醬塗在吐司上，再將草莓果醬重疊塗上去。

point

也可以塗上覆盆子、柑橘、蘋果或其他果醬。

紅豆吐司

魔法
54
塗抹

將記得的事情
用超級市場販賣的巧克力筆寫在吐司上，
再把吐司吃掉。

材料

・吐司……1片
・巧克力筆……1個

1. 將記得的算式用巧克力筆寫在吐司上。

point

畫圖上去或寫下給別人的留言也會讓人很開心。

【塗抹魔法】

奶油的威力總是讓人吃驚。本身擁有甘甜的滋味，同時還可以當成油脂跟其他食材混合，滲進舌頭當中就能將滋味傳送到味覺神經。

將味噌混進去，將煉乳混進去，光是將冰箱裡有的東西混進奶油裡塗上去，就會打開新世界的門扉。

只要抹開奶油再放鱈魚子上去，做出來的美味就會讓明太子法國麵包相形見絀（魔法39）。當我拿這個跟別人炫耀時，對方就說：「說的也是，鱈魚子和明太子很昂貴，麵包店不敢大用特用。」真正的美味或許就在家庭料理當中。

第5章

夾住魔法

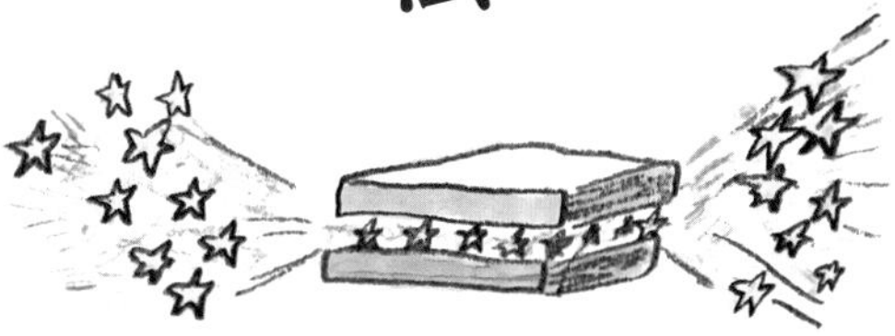

僅獻給魔法學校首任校長
三明治伯爵。

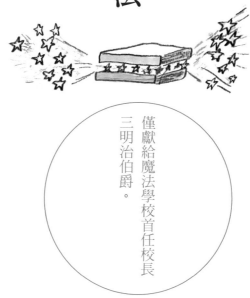

開胃熱狗堡

魔法 55 夾住

假如不沾番茄醬，
而是食用開胃菜（切細的蔬菜和西洋醃菜）的話，
就會吃得清爽又健康。

材料

- 將1條吐司切成6~8片……取1片
- 香腸……1條
- 洋蔥（切成碎末）……1/8
- 番茄（切成碎末）……1/4
- 西洋醃菜（切成碎末）……適量
- 塔巴斯科辣椒醬……適量

1. 將煎過的香腸夾在烤過的吐司裡。
2. 將洋蔥、番茄、西洋醃菜和塔巴斯科辣椒醬放在材料1上。
3. 對折。只要單單替吐司外皮會有折痕的那一邊劃一刀（參照照片），就能輕鬆折起來。

point

開胃菜要放很多上去，多到會溢出來的程度。假如用醬菜代替西洋醃菜，就會變成和風口味。

魔法
56
夾住

萵苣芥末醬

芥末沙拉醬可以輕鬆調製，
好吃到萵苣再多都吃得下。

材料

- 吐司（三明治用）……2片（或將1條吐司切成8片取2片來用）
- 萵苣……3片
- 芥末醬……2小匙
- 橄欖油……3小匙
- 白酒醋……適量

point

蔬菜多加一點就會變得好吃，消除維他命不足的危機。只要用刀叉食用，或是用保鮮膜捲起來吃，也就不會弄髒手了。

1. 混合芥末醬、橄欖油和白酒醋，調製芥末沙拉醬。
2. 萵苣徒手撕碎用材料1涼拌，再用吐司夾住。

費城牛排三明治

魔法57 夾住

這是美國費城的知名料理，
將牛肉薄片和洋蔥翻炒後做成三明治。

1. 平底鍋倒上一層沙拉油（分量外），翻炒撒了鹽巴和黑胡椒的牛肉薄片。
2. 將材料1和巧達起司放在事先烤一分熟的吐司上，用烤箱烘烤約1分鐘（直到起司變得黏稠為止）。
3. 將材料2對折。

材料

- 將1條吐司切成6～8片……取1片
- 牛肉薄片（手工切亦可）……50公克
- 巧達起司……適量
- 鹽巴……適量
- 黑胡椒……適量

point
只要事先從吐司內側會有折痕的地方劃出切口，就可以輕鬆折起來。

魔法
58
夾住

奶香醬油炒牛肉

奶油和醬油又鹹又甜的滋味，跟麵包和牛肉都很合拍。

材料

・吐司（三明治用）……2片
（或將1條吐司切成8片取2片來用）
・牛肉薄片（手切亦可）……50公克
・青紫蘇葉（切絲）……2片
・奶油……適量
・醬油……適量

1. 讓奶油在平底鍋融化，翻炒牛肉薄片，最後再倒入醬油。
2. 將吐司烤成一分熟～三分熟，夾住材料1和青紫蘇葉。平底鍋剩餘的肉汁也要淋上去。

point

這時可以依照喜好添加洋蔥、蘆筍、菇類或其他食物，或是做成香蒜風味。奶油多一點會很好吃。

鯖魚馬鈴薯三明治

魔法
59
夾住

超級市場經常販賣的北歐產鯖魚排價格公道。光是烤一烤夾在麵包裡，就能美味食用。

材料

- 將1條吐司切成8片……取2片
- 鯖魚排……1片
- 鹽巴……適量
- 馬鈴薯……半個
- 白酒醋（檸檬亦可）……適量

1. 鯖魚撒鹽，用瓦斯爐煎烤。
2. 馬鈴薯切成5公釐大小，放進烤箱烘烤到染上金黃色為止。
3. 將吐司烤成一分熟～三分熟，夾住材料1和材料2，再淋遍白酒醋。

point

馬鈴薯經常用來以油炸或其他方式配鯖魚，相當對味。

魔法
60
夾住

海苔三明治

這是在神田的純喫茶「ACE」誕生的三明治。
出發點是母親做給兒子的海苔便當。

材料

・將1條吐司切成8片……取4片
・海苔（切成1/4片）……2片
・適量……適量

1. 將4片吐司以醬油淋出三條線（參照以下照片）。
2. 用2片吐司夾住1片海苔，烤成五分熟。
3. 將奶油塗在表面上，再將塗過的面兩兩合起來，沿著對角線切成4份。

point

只要像照片一樣淋上醬油，就是最佳的鹽分調味法。

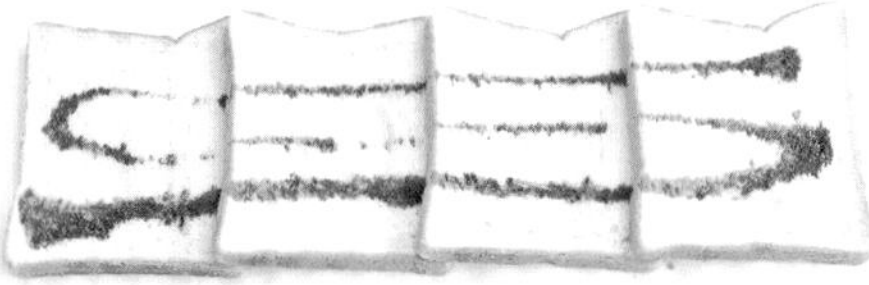

新鮮醃菜三明治

用醬菜製作三明治之後，發酵的香氣和酸味就會相輔相成，增加清爽和鮮味。

魔法
61
夾住

材料

- 三明治用吐司……4片
- 黃蘿蔔乾（切絲）……適量
- 壬生菜醬菜（切成小塊）……適量
- 酸奶（沒有就用美乃滋）……適量

1. 將2片三明治用吐司塗上薄薄一層酸奶。
2. 將黃蘿蔔乾放在材料1上，再用另1片吐司做成三明治。壬生菜也要以同樣方式處理。

point

用美乃滋時要塗得非常薄，比較能夠活用食材的風味。

魔法
62
夾住

泡菜三明治

這是大阪鵲橋的喫茶店「Rock Villa」的食譜，帶有岩村瑛子女士故鄉的韓國風味。

材料

- 將1條山形吐司切成10片（沒有就用三明治用吐司）……取2片
- 黃瓜（切成薄片）……8片
- 火腿……1片
- 泡菜……適量
- 蛋餡（以切細的水煮蛋和美乃滋混合而成）……適量
- 奶油……適量
- 美乃滋……適量

1. 將2片吐司疊起來烤成三分熟，1片塗上奶油，另1片塗上美乃滋。
2. 材料1的兩片麵包分別放上4片黃瓜，一片放上火腿和泡菜，另一片放上蛋餡。
3. 將外皮切下來，再切成4等分。

point

（雖然是意外的組合，不過泡菜的辣味和濃郁滋味會讓普通的三明治改頭換面。）

銅鑼燒三明治

魔法
63
夾住

任何材料都要夾在麵包裡是麵包發燒友的天性，吐司會讓紅豆泥的甜味變得溫和。

材料

・將1條吐司切成8片……取2片
・銅鑼燒……1個
・奶油……適量

1. 將吐司依照喜歡的烤法烘烤（或是不烘烤），塗上奶油，再夾住銅鑼燒。

point

也有的版本是夾住豆沙包或其他的點心。

魔法
64
夾住

銅鑼夾心吐司

將2片吐司併攏做成袋狀，中間填入紅豆泥、果醬、咖哩或其他喜歡的餡料，就能開心享用。

材料

・將1條吐司切成8片……取2片
・蛋……1個
・紅豆泥……50公克
・奶油起司……適量

1. 用圈模切割2片吐司，其中1片塗上奶油起司，放上紅豆泥。
2. 將蛋花塗在材料1的邊緣，再拿另1片吐司蓋上去併攏。
3. 將蛋花塗在材料2的表面上，放進烤箱烘烤到染上漂亮的顏色為止。

point

剩餘的外皮也可以塗上奶油和蜂蜜，美味食用。

魔法
65
夾住

貓王熱三明治

據說這是貓王喜歡的三明治。
雖然有美式甘甜卻不用砂糖，可以健康食用。

材料

・將1條吐司切成8片……取2片
・培根……1片
・花生醬……適量
・香蕉……1根
・起司……1片（依喜好）

1. 將培根用平底鍋（希望是鐵氟龍加工品）來煎。
2. 將花生醬塗在吐司上，放上切片的香蕉、培根和起司，疊上另一片吐司。
3. 將材料2用擀麵棍擀平，再在步驟1的平底鍋中，用培根的油脂煎烤兩面。

point

只要用擀麵棍將三明治擀長（魔法9），拿平底鍋來煎，就算不是熱三明治專賣店，也做得出熱三明治。

魔法
66

脫離常態

假如像我一樣從懂事以來早餐就不斷吃吐司，就會牢牢套進習慣的軌道上，難以脫身，每天的吃法都千篇一律。

有時會突然飄來一個念頭，將我們從軌道中解放，但許多時候是以失敗的方式降臨。比方像是烤過頭了，做出像法式烤餅一樣乾癟的麵包。假如將它搗碎，點綴在萵苣和番茄上，再撒上橄欖油和鹽巴，就會美味到讓人著迷。

又或者，前一晚的火鍋當中還剩下少許山茼蒿。這時不妨拿橄欖油來炒，跟烤得酥脆的培根一起放在吐司上吃吃看。日本帶有香氣的蔬菜比歐洲還要少，這一點讓我耿耿於懷，不過山茼蒿的濃烈滋味足以讓人感受到野外風情，跟培根和其他油脂豐富的食物很對味。

用蕪菁的葉片代替山茼蒿也不錯。連看似該丟掉的部位都能吃得一乾二淨，真是令人開心。

【夾住魔法】

做三明治時，麵包和餡料的平衡很難取捨。麵包太厚就會顯得擁腫惹人厭。弄薄一點，餡料加多一點比較不會變得擁腫，美中不足的是吃不出麵包味。一旦麵包加厚，餡料也必須變多，不然調味就要加重。這麼一來，三明治就會愈來愈厚，難以下嚥。能夠發揮巧手將一條吐司切成六片做出三明治的人，廚藝一定很好。

假如是魔法見習使，餡料多一點，麵包薄一點才保險。餡料一定要放到連邊緣都是，中間鼓起來，這樣就會顯得很可口。還要記得將麵包和餡料壓實，以免脫落。

夾住
做三明治時麵包和餡料之間的平衡很重要。
低年級的學生們
那麼，美美同學，
妳幫我把方形吐司切一切。
好的
那麼，我們就去做大家期待已久的實習吧。
要夾囉—
哇—
我都切好了—
丁狀小塊

第6章
香味魔法

只要一撒就生效，
辛香料是
魔法的粉末。

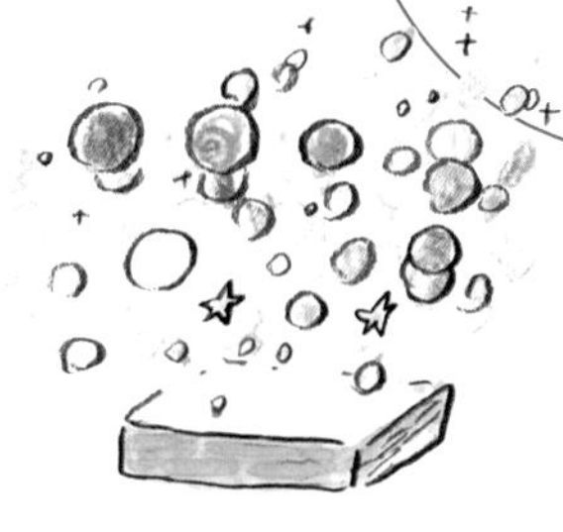

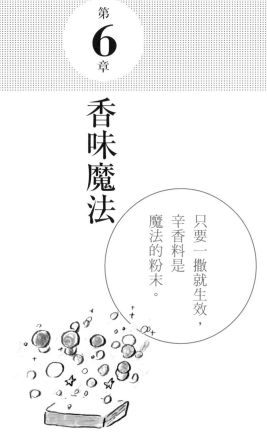

香料吐司

百里香

魔法 67 香味

跟那天混在一起吃的菜餚相當對味的辛香料，只要撒在吐司上，麵包跟菜餚的羈絆就會增強。

材料

・將1條吐司切成6～8片……取1片
・百里香……適量
・黑胡椒……適量

1. 將吐司烤成三分熟～五分熟，淋上橄欖油，撒上黑胡椒和百里香。

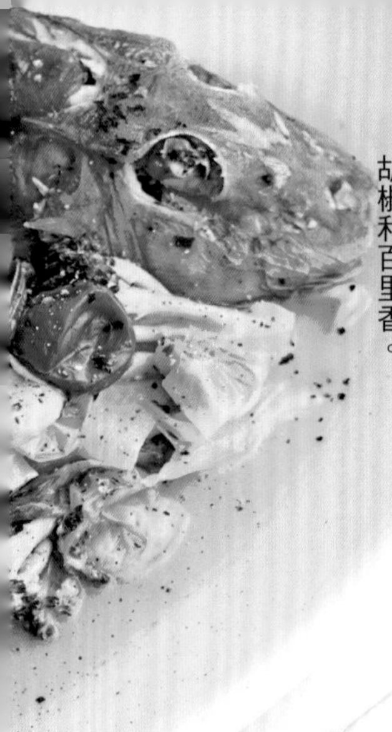

〔參考食譜〕

義式瘋狂水煮魚

材料（4人份）

・魚（這次是棘黑角魚）……1隻
・蛤蜊……10粒
・大蒜……1片
・芹菜……1株
・迷你番茄……10個
・香菜……2～3株
・白酒……100毫升
・鹽巴……適量
・黑胡椒……適量
・橄欖油……適量

1. 魚隻去除內臟。
2. 鍋子倒上一層橄欖油再放魚，周圍放入所有剩下的材料。
3. 蓋上鍋蓋開火，沸騰之後開中小火煮約10分鐘。

point

百里香號稱為「魚隻辛香料」，顧名思義就是可以消除魚腥味。

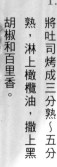

香料吐司

粉紅胡椒

魔法
68
香味

蝦子和柳橙這種紅色系的食材可以用粉紅胡椒誘發其風味。

材料

・將1條吐司切成6～8片……取1片
・粉紅胡椒（顆粒搗爛）……適量
・百里香……適量

1. 將吐司烤成三分熟～五分熟，淋上橄欖油，撒上粉紅胡椒和百里香。

point

紅色顆粒會讓菜餚的外觀亮麗起來，可以廣泛使用在肉類料理、沙拉或其他菜餚上。

【參考食譜】

番茄橙香煎鮮蝦

材料（4人份）

・有頭蝦……4隻
・迷你番茄……10個
・柳橙……1個
・大蒜……1／2片
・泰式魚露……1小匙
・白酒醋……2小匙
・鹽巴……適量
・黑胡椒……適量
・百里香（香草）……2枝
・橄欖油……適量

1. 將大蒜和橄欖油倒入平底鍋中，等冒出香氣後就放蝦子進去，周圍放入迷你番茄和柳橙。
2. 等蝦子變色後就翻面，撒上泰式魚露、鹽巴、胡椒和百里香。
3. 最後添加白酒醋，迅速煎熟。

魔法
69
香味

埃及杜卡香料

杜卡是埃及的調味料。
光是沾在麵包上就會飄散中東的香氣。

材料

- 將1條吐司切成6～8片……取1片
- 腰果（粗末）……1又1／2小匙
- 杏仁（粗末）……1又1／2小匙
- 白芝麻（粉狀）……3小匙
- 白芝麻（顆粒）……1小匙
- 孜然……1小匙
- 香菜……1小匙
- 砂糖……1撮
- 鹽巴……2撮

1. 將腰果、杏仁、白芝麻、孜然和香菜混合，用平底鍋等工具乾煎。
2. 將砂糖和鹽巴添加到材料1保存。
3. 將橄欖油塗在吐司上，撒滿材料2之後，就烘烤成喜歡的火候。

point

［杜卡除了沾麵包以外，應用範圍也很廣泛，像是混合在油炸料理的調味料、沙拉的配料或義大利麵當中。］

魔法
70
香味

迷迭香蜂蜜

迷迭香給人的印象就是肉類調味料，但它的甜味也會散發魅力。

材料

- 將1條吐司切成6～8片……取1片
- 蜂蜜……適量
- 迷迭香（百里香或香菜亦可）……適量
- 橄欖油……適量（依喜好）

1. 將蜂蜜塗在吐司上，撒滿迷迭香（百里香或香菜）。
2. 放進烤箱烤成三分熟～五分熟。

point

［迷迭香燒過之後香氣會增加，但是容易變苦，要小心別燒焦。］

魔法
71
香味

肉桂捲

只要將肉桂糖塗在吐司上層層捲起來，就可以在家製作肉桂捲。

材料

・將1條吐司切成8片……取1片
・奶油起司……1大匙
・肉桂……1/2大匙
・砂糖……1大匙

1. 將奶油起司、肉桂和砂糖混合，塗上吐司。
2. 將吐司的外皮切下來，層層捲起來。
3. 將材料2分成3等分，放進烤箱烘烤約2分鐘。

point

沒有奶油起司時就用奶油取代。奶油的黏性不如奶油起司，要把蛋塗在邊緣處，或是用牙籤固定。

燻製冰淇淋

魔法 72 香味

將各種材料燻製再捲起來，
這是酒吧的主人最推薦的甜點。
用煙燻的威力讓冰淇淋變好吃。

材料

- 將1條吐司切成6～8片……取1片
- 草莓……5個
- 香草冰淇淋……1個
- 干邑白蘭地……適量（依喜好）

1. 將草莓燻製約5分鐘，等摸到草莓會覺得熱時就可以了。
2. 將材料1放涼，滴上干邑白蘭地稀釋，跟香草冰淇淋混合，再次冷凍。
3. 將吐司烤成一分熟～三分熟再放涼，放上材料2。

point

｛柿子、香蕉或石榴也很美味。煙燻感遍布到冰淇淋的程度會比想像中還厲害，可以當做夜間的甜點麵包。｝

魔法學校學生的研究筆記

【香味魔法】

那一天突然想做正統的印度咖哩，買齊了各式各樣的辛香料。從那之後，完全沒用過的辛香料就有一堆。我一時興起撒在麵包上，發現實在很好吃。只要撒一下就好，完全不費吹灰之力。

牛至和番茄很對味，會徹底改變料理的深度。百里香是「魚隻辛香料」，會消除魚腥味，讓人突然想喝酒。將百里香換成山椒之後，就會轉而想要吃飯了，真不可思議。粉紅胡椒是祕密武器，只要在烹飪時鼓起幹勁撒上去，就會升級成招待客人用的料理。把蒔蘿撒在馬鈴薯上，甜味就會增加，撒在鮭魚上則會變成北歐風味。

辛香料
光是撒上一點辛香料，也能對麵包施魔法。
蒔蘿
馬鈴薯
柯螺涅同學……做得好。
把蒔蘿撒在馬鈴薯上，甜味就會增加。
美美同學……妳撒了好多粉啊……這是什麼？
啊嗯——
辣椒粉
蓋子似乎沒關好。

第7章

浸泡魔法、乾燥魔法

打濕也好，乾燥也好，吐司就是千變萬化。

番茄湯

魔法 73 浸泡

法國自古以來就在食用的料理。
這會變成帶有黏稠感而滋味溫和的湯。

材料

・將1條吐司切成8片……取1片（切成4~6片時就取1/2片）
・番茄（去皮切成小片）……1個
・水……250毫升
・奶油……15公克
・荷蘭芹……適量
・牛至……適量
・黑胡椒……依喜好
・鮮奶油……依喜好

1. 平底鍋加熱讓奶油融化，將吐司兩面烤成五分熟，避免燒焦。
2. 將水和番茄放進材料1裡，開小火煮約10分鐘，讓東西沸騰。
3. 將鮮奶油加進材料2裡，用攪拌機攪拌之後，再撒上荷蘭芹和牛至。

point
有些麵包要擔心發酵的味道是否會讓料理變難吃，需要辛香料調味。

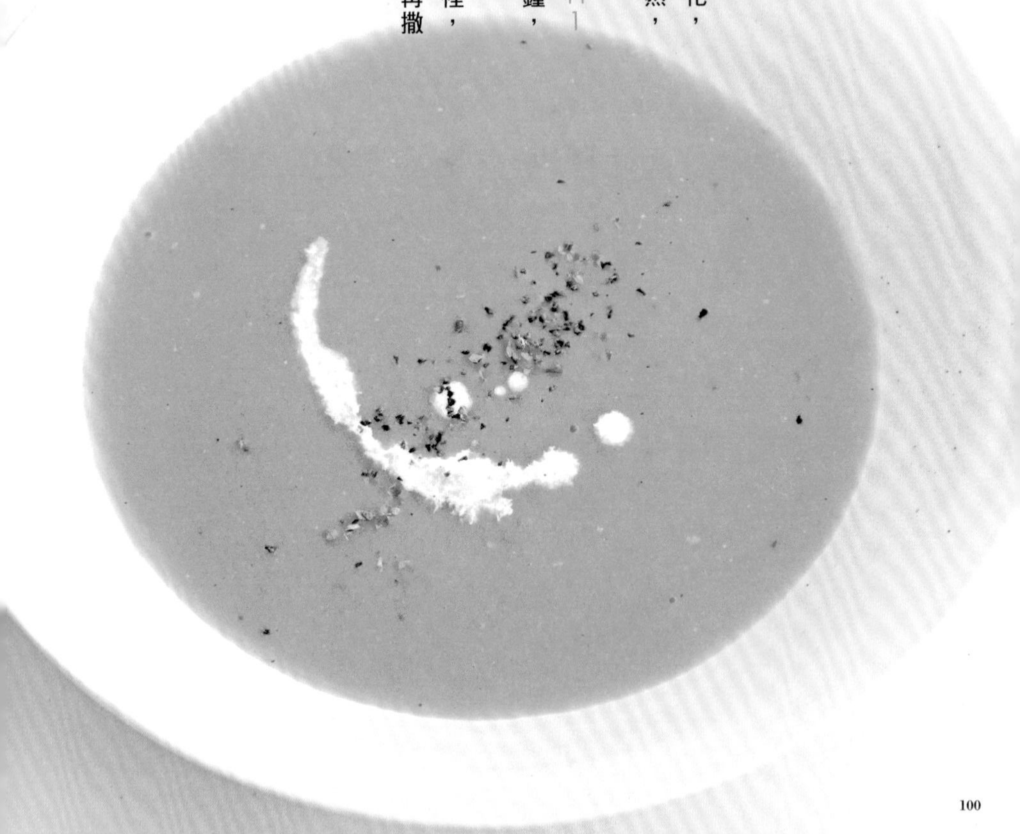

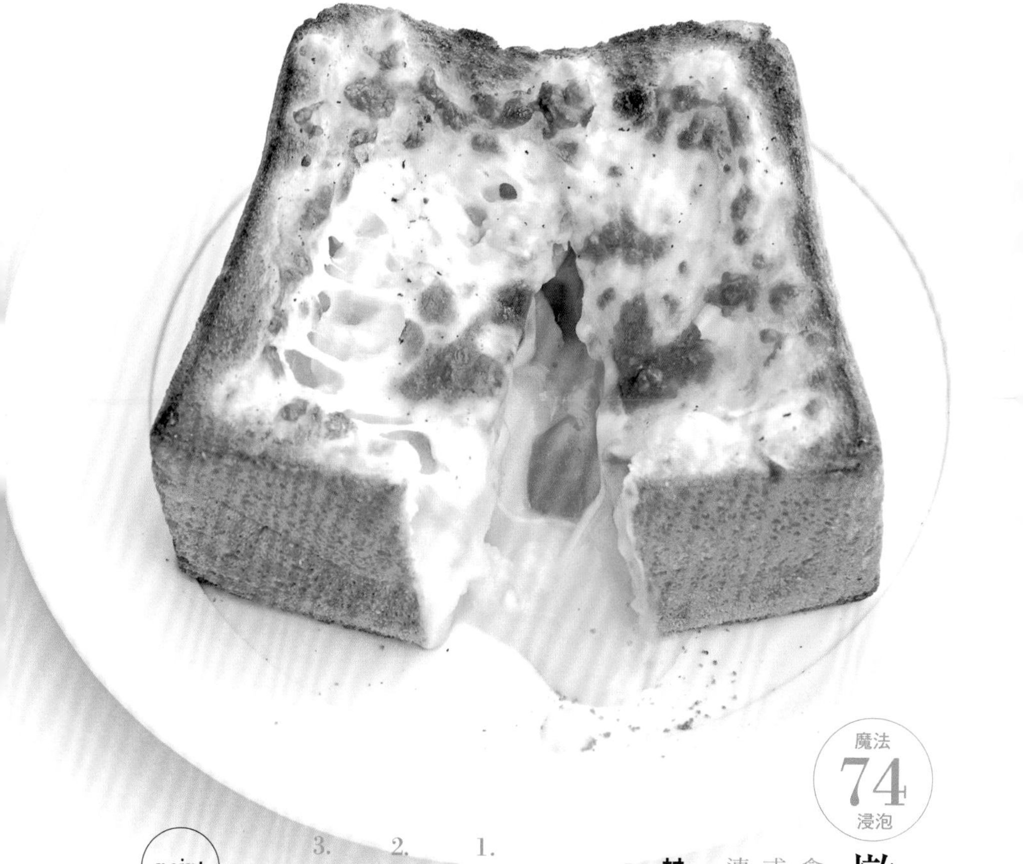

魔法
74
浸泡

燉肉麵包盒

拿咖哩代替燉肉放進去，
或是拿肉醬或羅勒醬
連同起司一起放進去，也可以開心享用。

材料

- 吐司（半斤）……1個
- 燉肉……適量
- 軟融起司……1片

1. 將吐司分成兩半，再在中間白色的部分挖個洞。
2. 將前幾天剩下的燉肉趁熱放進去，上面放片起司。
3. 放進烤箱烘烤到起司融化為止。

point

位在高處的材料接近熱源，上面容易在中間變暖之前染成金黃色。要用鋁箔紙覆蓋或用其他方法調節溫度，以免燒焦。

鬆軟法式吐司

花1天將吐司泡在蛋液當中，就會做出鬆軟黏稠的法式吐司。

魔法
75
浸泡

1. 將蛋、牛奶、砂糖和香草精混合做成蛋液，再把吐司單面各浸泡12個小時。

2. 將奶油放進平底鍋裡，煎烤材料1。這時要開小火蓋上蓋子，雙面加起來花約15分鐘慢慢煎。等染上漂亮的金黃色後就完成了。

材料

- 蛋……3個
- 牛奶……200毫升
- 砂糖……30公克
- 香草精……適量
- 將1條吐司切成4片……取2片
- 奶油……適量
- 楓糖……適量（依喜好）
- 果醬……適量（依喜好）

point

塗上奶香味噌（p67）而非糖漿或果醬，跟切細的蔬菜一起吃，也可以當成餐點。

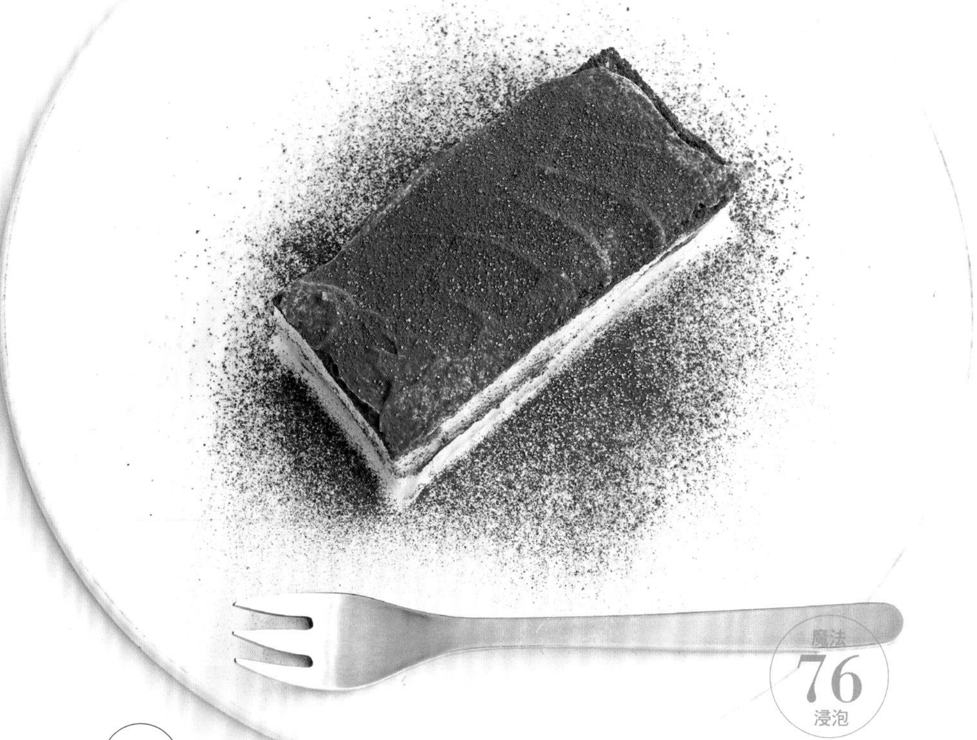

魔法
76
浸泡

提拉米蘇

使用吐司代替原本的義式脆餅。就算沒有卡士達醬，馬斯卡邦起司的美味也足以彌補。

材料

- 將1條吐司切成8片……取1片
- 義式濃縮咖啡（泡濃一點的咖啡亦可）……20毫升
- 馬斯卡邦起司……50公克
- 細砂糖……1大匙
- 可可亞……1小匙
- 咖啡利口酒（沒有就用蘭姆酒）……依喜好

1. 切下吐司外皮，再把義式濃縮咖啡和咖啡利口酒混合，淋遍外皮讓它吸水。
2. 將馬斯卡邦起司塗在材料1之後再切半，疊成兩層。
3. 將可可亞和細砂糖混合，使用濾茶網等工具撒在材料2上。

point

沾馬斯卡邦起司的咖啡醬汁，也可以用來代替義式濃縮咖啡。

法式烤餅

黑胡椒佐帕瑪森起司

魔法
77
乾燥

法式烤餅適合保存，
只要當吐司還有剩時做這個，沒有麵包時就有得吃了。

材料

- 將1條吐司切成4～8片……取1片
- 橄欖油……適量
- 帕瑪森起司……適量
- 黑胡椒……適量

1. 將橄欖油塗在吐司上，撒上帕瑪森起司和黑胡椒。
2. 將材料1放進烤箱，用鋁箔紙輕輕覆蓋烘烤約10分鐘，充分乾燥，最後再拿掉鋁箔紙烘烤1分鐘（直到染上金黃色為止）。

point

烤箱當中的吐司乾燥之後，轉眼間就會燒焦。最後要窺探烤箱內部，分辨吐司是否變成自己想要的金黃色。

魔法 78 乾燥

法式烤餅

荷蘭芹佐蒜香奶油

法式烤餅直接吃也不錯，還可以變成油炸麵包丁。這個範例是要放在沙拉（分量外）上頭。

材料

- 將1條吐司切成4～8片……取1片
- 奶油……20公克
- 大蒜……半顆
- 荷蘭芹（乾燥或新鮮亦可）……適量

1. 大蒜磨成泥，跟奶油混合。
2. 將材料1塗在吐司兩面上，撒上荷蘭芹。
3. 將材料2放進烤箱，用鋁箔紙輕輕覆蓋烘烤約10分鐘，充分乾燥，最後再拿掉鋁箔紙烘烤約1分鐘（直到染上金黃色為止）。

point

時間過得太久吐司就會乾燥……這時反而是個機會。乾燥的吐司比較容易做成法式烤餅。

魔法
79
乾燥

義式脆餅吐司

義式脆餅**Biscotti**在義大利文當中是烘烤兩次的意思。不妨用吐司代替餅乾烘烤兩次，嘗試製作義式脆餅。

材料

- 將1條吐司切成4～5片……取1片
- 蜂蜜……適量
- 多香果……適量
- 孜然……適量
- 香菜……適量
- 小荳蔻……適量
- 肉桂……適量

1. 將1條吐司切成4～5片，取1片放進烤箱，用鋁箔紙輕輕覆蓋烘烤約10分鐘，去除水分。
2. 將多香果（沒有就用肉荳蔻和丁香代替）、孜然、香菜、小荳蔻和肉桂撒在材料1上，塗上蜂蜜。
3. 不要覆蓋鋁箔紙，放進烤箱烘烤約1分鐘（直到染上漂亮的金黃色為止）。

point

要添加許多辛香料，做出類似德式聖誕蛋糕的風味。酥脆的口感是關鍵。

麵包粉

魔法 80 乾燥

就算沒有食物處理機，也可以用家庭用攪拌機輕鬆做出新鮮麵包粉。
假如用新鮮麵包粉製作油炸料理，再以同樣的吐司夾起來，美味就會倍增。

材料

· 將1條吐司切成幾片都可以……取1片

1. 用攪拌機將吐司粉碎成粗末。

point

攪拌機很難轉動時，就把吐司一點一滴放進去。當手放進攪拌機容器時，電源一定要關閉。

假如做成法式烤餅，原本的麵包味就會消失殆盡，所以剛開始我很抗拒。試著做做看的時候用了烤箱，感覺可以做出某些成果，真是開心。剛開始有好幾次全都燒焦了，就算枯等也不會說完成就完成，於是就開始做別的工作，結果就馬上燒焦了。為什麼呢？因為將水分從麵包身上去除之前要花時間，一旦去除乾淨之後，就會以相當快的速度燒焦。只要窺探烤箱，就會發現麵包的模樣會在轉眼間改變。假如出現烤好該拿出來的瞬間，就會變成迷人的風貌。烤過頭就不能恢復原狀，這就是風險所在。

焦黑弟弟
食用法式烤餅的最佳時機只有一瞬間。
人類也一樣。要是鬆懈下來，精華時期就會轉瞬即逝，變得這麼老態龍鍾喔！
……呃。
這樣好嗎！
停！再過2秒麵包就會焦黑喔。
焦黑弟弟對別人好嚴格啊。

aosan
孩子遊玩的光景隨處可見的公園前，
顧客大排長龍購買方形吐司的麵包店。
香蕉
卡士達麵包
黑豆麵包
聽說這家店是以吐司聞名
……比傳聞還厲害啊。
不管哪個麵包看起來都很好吃。
在孩子當中很受歡迎。
漂泊的火腿起司三明治先生
featuring
魔法 81
魔法 82
原作 池田浩明　漫畫 堀道廣
vol.5/aosan

您要買方形吐司嗎？
真是不好意思，方形吐司現在賣完了。
咦咦——
…………
…………
茫然
呃……雖然也可以預定……不過要等一個半月……開店時會有得賣，麻煩您早上前來光臨……因為排隊的人也很多……
好，我明天再來！
隔天
麵包店開門了。

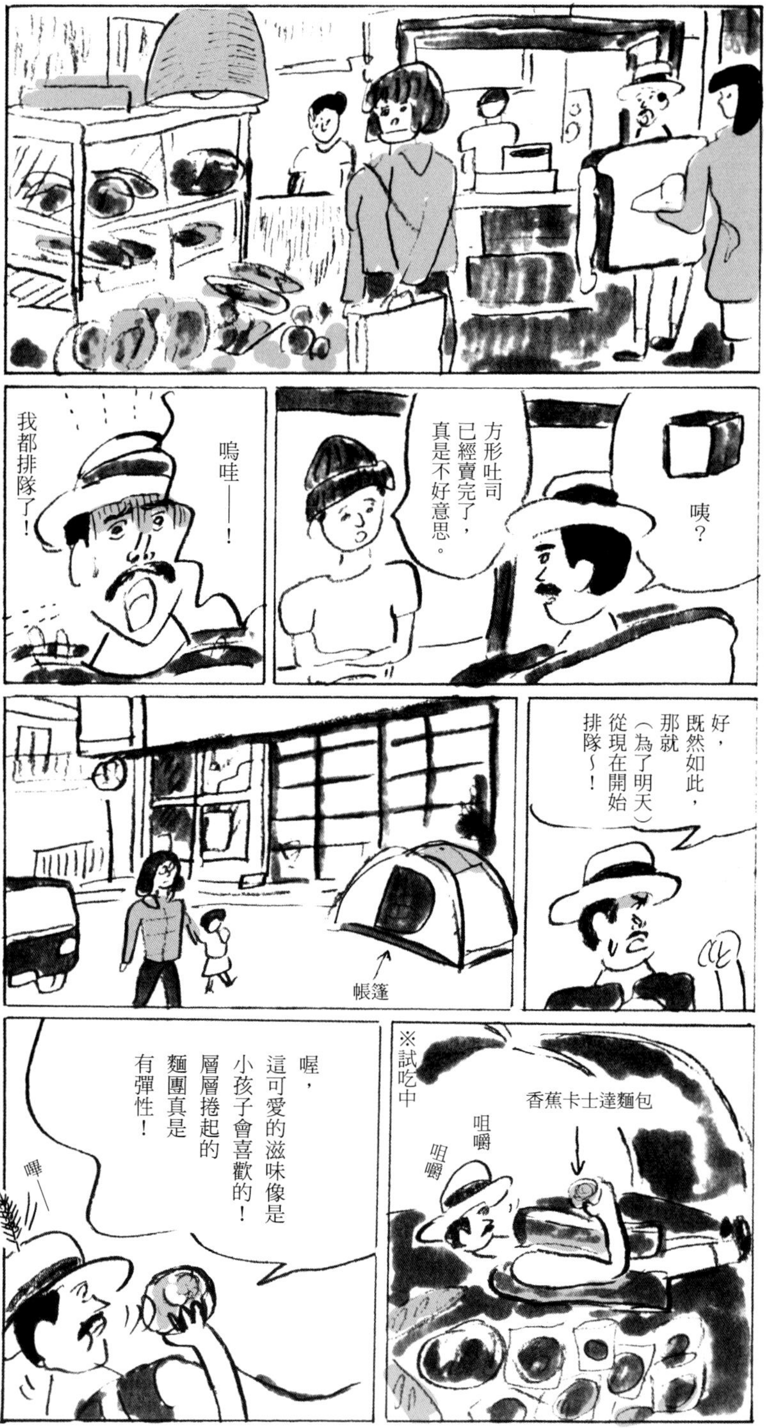
咦？
方形吐司已經賣完了，真是不好意思。
嗚哇——！
我都排隊了！
好，既然如此，那就（為了明天）從現在開始排隊～！
帳篷
※試吃中
香蕉卡士達麵包
咀嚼
咀嚼
喔，這可愛的滋味像是小孩子會喜歡的！層層捲起的麵團真是有彈性！
嗶——

卡士達醬入口即化，
麵團的甜味
跟卡士達重疊，
奶香的
甜味變得更強了！
有時還會
咬到香蕉，
連熟成的香氣
都疊加上去了
～～～！！
卡士達
香蕉
就像卡士達
和
香蕉
一起嬉戲的
公園！
宛如在螺旋狀的溜滑梯
一起滑下來的
恍惚感！
滋滋
法式牛奶
白醬
住在麵包店
門口
是最棒
的了！
?
嘎嘎嘎嘎
擠壓
哇，
裡面
有人在。
真、
真對不起
……

啊！妳就是做香蕉卡士達麵包的奧田師傅嗎！
那是跟我丈夫一起做的喔～
發生什麼事了？
緊握
哇！
沾滿粉末
您正在工作嗎！
我正準備要做方形吐司。
讓我看讓我看——
現在正在準備做麵種。
欸——這會變成明天的吐司吧。
不，這個才會變成明天的吐司。
咦，這是怎麼回事？
剛才混合的是後天的。
哎呀——！那不就得要花三天⁉
麵團要藉由冷藏長時間發酵。
第一天
製作水種
第二天
主麵團
第三天
燒製

……花兩天也不是做不出來。不過花上三天之後，就會多一份不同的滋味。
真期待明天啊——
滋滋
為什麼你要在這裡開麵包店呢？
我在麵包店實習的時候，罹患了小麥過敏症。
咳咳
於是我就沒能在麵包店做下去，開始從事別的工作。
為了生活，我甚至開了好幾年的卡車。
但我這個人一直以來都在做點心和麵包，其他事情統統做不來。
當時我在家裡烤麵包來賣。
有一天我下定決心這樣說：
要不要開家麵包店？
真的嗎？太好了——！
我們兩個人實在很想開麵包店，這是我們的夢想。
有一天，我經過這座公園的前面……
哇—
哇—

偶然發現有個物件在招租。
之前我們把年紀還小的女兒取名為「阿藍」，於是這家店就取名為aosan了。
我們夫婦倆半夜要出外工作，搞得阿藍很寂寞。
小麥過敏症治好了嗎？
剛開始開店時症狀還很嚴重。
有時候還會在工作中倒下。
咳咳
咳咳
幸好專治過敏的醫生開給我的藥有效，現在我會一邊服用一邊工作。
那真是太好了——
那我就吃著麵包入睡吧。
晚安。

（譯註：「藍」的日文發音是「ao」，跟店名「aosan」的開頭發音一樣）

隔天早上
！
唔唔
唔唔
起身
這是！
宛如白蘭地的芬芳香氣！
只有使用自家培養的發酵種長時間熟成才會這樣！
媽媽，味道好香啊。
早安！
早安。
正在準備開店嗎——

嗶—
那是方形吐司！色澤做得真漂亮！
開店前大家會一起吃午餐。
你們會吃什麼東西？
會吃三明治。
搞不好是方形吐司做的！
嗚哇—！
我是香蕉三明治。
將奶油和美乃滋塗在每片吐司的單面上就會很好吃。
奶油
香蕉
美乃滋
魔法
81
魔法
82
奶油
黃瓜
美乃滋
我是黃瓜三明治。

伙食雖然簡單，看起來卻相當美味！一定是因為麵包很好吃吧！
嗶—
流口水
開店的時間到——囉！
我、我的方形吐司～！
啪
你找零沒拿～！
沙沙
沙沙
沙沙
貼緊
吸氣～～
喔，真是暢快。是無邊無際的澄澈香氣——！
吸～呼～
吸～呼～
就在這座公園吃吃看吧！
がぶ

白色的部分
舔起來
好滑潤。
輕柔
又有彈性。
嗚哇——
一直
不停在溶化！
就像是在喝
黏稠的飲料，
而不是
固體食物！
是河川!!
是在小麥的
河川上
泛舟——!!
這片吐司不只是口感好，
還帶有一股風味。
就跟店門口散發的氣味一樣，
是宛如白蘭地般
誘人沉醉的香氣。
熟成三天的精華盡在其中……
噗咻——

aosan／東京都調布市仙川町1-3-5、03-5313-0787。12:00~18:00（星期日、星期一休息）

第8章

行家魔法

I 築地的愛養

愛養是位在築地市場內的喫茶店。
市場的勞工會趁著幹活的空檔來訪，獲得片刻的休憩。
熟客只要坐在吧檯上，
哪怕沉默不語，店家也會端出自己喜歡的吐司。
類似的說法數都數不清。
築地當中人人都是魔法師。

標準

塗上奶油縱向切割。

魔法 83

單盤餐

塗上奶油和果醬的兩片吐司。

魔法 84

山本一力

他是時代小說家，就愛點這道塗上奶油撒了砂糖的「砂糖蓋吐司」。

魔法 86

對半

奶油和果醬各占一半。

魔法 87

岡田

他家開裝飾菜專賣店，喜歡吃果醬三明治。

魔法 85

大岩

他是魚隻買賣仲介人，需要把吐司切細，拿牙籤讓他戳來吃。這樣就算手髒了也沒關係。

SCO

吐司的宇宙

鈴木健藏先生從學校畢業後隨即在愛養工作，至今已經過了五十年。他的工作只有一件，那就是倒咖啡和烤吐司。一個人做著單純的事情時，可以鑽研到什麼地步呢？

熟客只要坐在吧檯上，哪怕沉默不語，店家也會端出「常點的東西」。不只是熱飲要黑咖啡還是加牛奶的程度，還有奶油和果醬是不是要塗得很薄，塗整面還是一部分……這些選擇會因應每個客人的喜好，組合無窮無盡。吐司就是宇宙。

當時是喫茶店的黃金時代，沒有羅多倫連鎖咖啡廳和罐裝咖啡。生意川流不息，每位訪客的小偏好，鈴木先生全都記在腦子裡。當時如此，至今亦然。

「假如連睽違二、三十年才來的人都記得住，對方就會很開心。想不到那麼久沒見面居然還記得。雖然昨天的事情已經忘記了（笑）。」

您到底記得多少人的口味呢？當我問出這個問題時，鈴木先生愣在原地，沒有回答。想必一定是多得數不完吧。

東京都中央區築地5-2-1
築地市場6號館，03-3541-2140。
3:30～12:30（星期日、節日、休市日休息）

II CAMELBACK sandwich&espresso

使用三家知名麵包店的法式長棍麵包，
分別搭配餡料之後，
做成三明治供應，這就是CAMELBACK的特色。
前壽司師傅成瀨隼人的手藝和感性，
充滿了貨真價實的壽司傳統。
這次他將平常用的法式長棍麵包改成吐司麵包，
專為這本書推出了吐司食用法。

東京都涉谷區神山町42-2，03-6407-0069。
9:00～19:00（星期一休息）。

魔法 88

CAMELBACK sandwich&espresso

梅子紫蘇黃瓜

壽司店會配合這個菜名製作海苔卷。
將黃瓜正確切細弄成一束的口感，讓人感受到壽司師傅工作的厲害之處。

材料

・將1條山形吐司切成6片……取2片
・梅乾醬（梅乾去籽用菜刀拍打）……適量
・青紫蘇葉……3片
・黃瓜（切絲）……不滿1條
・煙燻米糠醬菜（切絲）……適量
・鮪魚乾片……適量
・芝麻……少許

1. 將吐司烤成三分熟，塗上梅乾醬。
2. 將3片青紫蘇葉、不滿1條的黃瓜、煙燻米糠醬菜和鮪魚乾片放在材料1上，撒滿芝麻。
3. 疊上另1片吐司。

魔法 89

鮟鱇魚肝醬

CAMELBACK sandwich&espresso

酒蒸鮟鱇魚肝是絕品美味。與其做成肝醬，日本人更想要沾麵包吃，享受這份圓潤感。

材料

- 將1條山形吐司切成6片……取1片
- 酒蒸鮟鱇魚肝……適量（做法另載）
- 魚露鍋……適量
- 生火腿（切成一口大小）……1片
- 番茄乾（切成一口大小）……適量
- 蒔蘿（新鮮）……適量

1. 將酒蒸鮟鱇魚肝跟魚露鍋混合，塗在烤成三分熟的吐司上。
2. 將生火腿放在材料1上，撒上番茄乾，放上蒔蘿。

〔參考食譜〕

酒蒸鮟鱇魚肝

1. 鮟鱇魚肝去除薄皮，用菜刀像剝皮一樣去除血管，再以跟海水相同濃度的鹽水（鹽分濃度3％，分量外）清洗。
2. 將材料1放在盤子裡，浸泡在日本酒（分量外）當中，有一半要藏在水面下，撒上鹽巴（分量外）收緊水分。
3. 放進蒸鍋開大火蒸20分鐘（火候要依照鮟鱇魚肝的大小調整）。之後就關火，用餘溫蒸10分鐘。
4. 等材料3放涼後，就用菜刀拍打成醬狀。

魔法 90

CAMELBACK sandwich&espresso
豆腐醬西洋梨佐無花果

美國會將豆腐寫成TOFU，流行的吃法是代替奶油起司塗上去。速食主義者也可以食用，這就是所謂的植物性起司。

材料

- 將1條山形吐司切成6片……取1片
- 豆腐醬……適量（做法另載）
- 西洋梨……適量
- 無花果乾……適量
- 粉紅胡椒……適量

1. 將吐司烤成三分熟，塗上豆腐醬。
2. 將西洋梨和無花果乾放到材料1上，撒上粉紅胡椒。

〔參考食譜〕

豆腐醬

1. 將嫩豆腐（分量外）倒進濾鍋，放進冰箱一晚，去除水分。
2. 將鹽巴、檸檬汁、腰果、蜂蜜、孜然、茴香（乾燥）、百里香（乾燥）（全都是分量外）用攪拌機混合。

point

〔豆腐醬也可以跟番茄乾、胡蘿蔔絲沙拉、蒔蘿、肉、水果和其他所有材料混合。〕

魔法 91

蘭姆巧克力佐藍起司

CAMELBACK sandwich&espresso

同樣都是微苦的食材，逐漸融化後會很對味，顛覆藍起司配蜂蜜的常識。

材料

- 將1條山形吐司切成6片……取1片
- 藍起司（碎成小片）……適量
- 內含蘭姆酒的巧克力（可可粒或黑巧克力亦可）……適量
- 柚子皮……適量

1. 將吐司烤成三分熟，放上藍起司和內含蘭姆酒的巧克力。
2. 將柚子皮磨碎撒上去。

point

將巧克力換成山牛蒡也很好吃（這時就不要放柚子上去）。

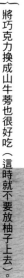

第9章

其他魔法

能使出這個小技巧的人，就是魔法學校優等生。

魔法
92
其他

用烘焙紙包裹

厚厚的三明治沒有漢堡袋難以食用，
但就算沒有，只要用烘焙紙包裹就沒問題了。

point

直接切成兩半就能輕鬆食用。

〔參考食譜〕

照燒雞肉三明治

材料

・將1條吐司切成6～8片……取2片
・雞腿肉……1小片
・芝麻油……適量
・醬油……1又1/2大匙
・酒……1又1/2大匙
・蔗砂糖……2大匙
・萵苣……1片
・香菜……2棵
・美乃滋……適量（依喜好）

1. 平底鍋倒上一層芝麻油，將雞腿肉從皮開始煎。等外皮冒出香氣染色後就翻面，再繼續煎。
2. 依序添加蔗砂糖、酒和醬油，煎到有光澤為止。
3. 吐司烤好後塗上薄薄一層美乃滋，依照萵苣、材料2的雞肉和香菜的順序放上去，做成三明治。

魔法
93
其他

層層捲起來

烹調方法不只是夾在麵包裡，
還可以將餡料放在吐司上層層捲進去。
只要切成圓片，就會呈現完美的截面。
這裡要推出的是韓式海苔飯捲。

point

〔層層捲起來之後，火腿、起司和其他正規的餡料也可以變個模樣來享用。〕

〔參考食譜〕

層層捲起海苔飯捲

材料

- 將1條吐司切成8片……取1片
- 紅蘿蔔……1/4根
- 豆芽菜……1/3袋
- 紅皮蘿蔔……1/10根
- 山茼蒿……1根
- 芝麻油……適量
- 蒜泥……少許
- 鹽巴……適量
- 韓式辣椒醬……適量
- 韓國海苔……2片

1. 將切絲的紅蘿蔔和豆芽菜煮過再去除水分，用大蒜、芝麻油和鹽巴做成韓式涼拌小菜。
2. 將蘿蔔切絲用鹽巴搓揉去除水分，用大蒜、芝麻油和鹽巴做成韓式涼拌小菜。山茼蒿也要快速煮過。
3. 將韓式辣椒醬薄薄塗在吐司上，鋪上韓國海苔。
4. 將材料1和材料2放在材料3的跟前，依照海苔卷的要訣捲起來。

魔法
94
その他

精心包裝

要去野餐或受邀到朋友家時，用漂亮的紙包裝吐司和三明治再帶過去就能開心享用。

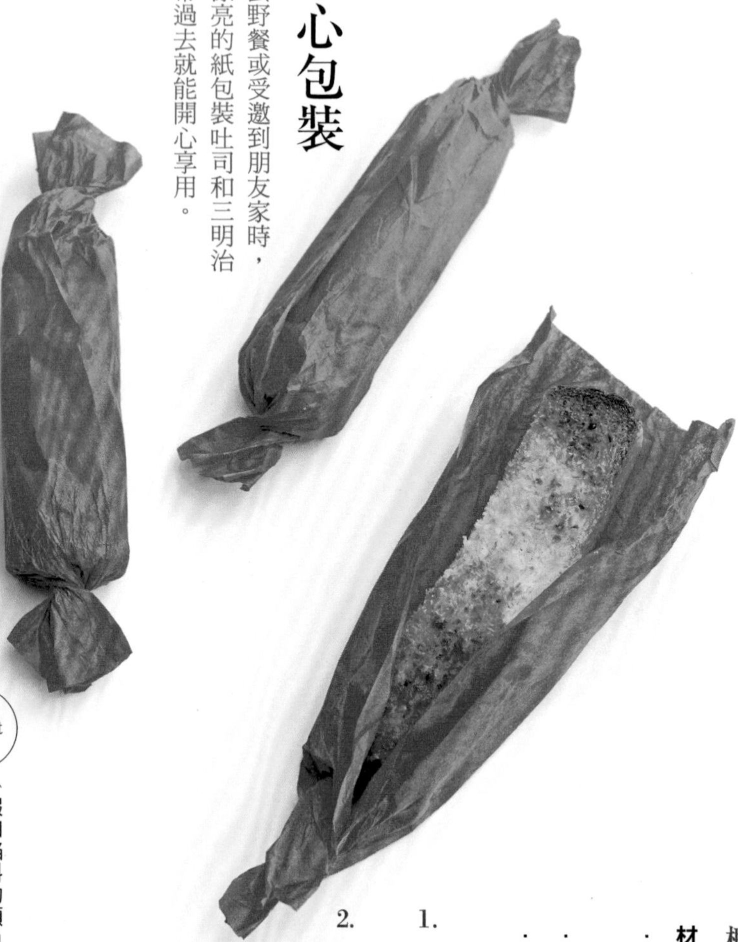

〔參考食譜〕
椰子吐司

材料

- 將1條吐司切成幾片都可以……取1片
- 奶油……適量
- 椰子粉……適量

1. 將吐司烤成一分熟，塗上奶油，撒滿椰子粉。
2. 放進烤箱裡烤到五分熟。

point

〔假如餡料的顏色容易沾染到紙上，先用保鮮膜裹住再用紙包起來比較好。〕

魔法
95
其他

網烤

用瓦斯爐的火網烤之後，表面就會酥脆，裡面就會滋潤，容易烤成理想的火候。

材料

・將1條吐司切成幾片都可以……取1片
・烤網

1. 將烤網放在瓦斯爐上，放上吐司，開小火加熱。

point

只要視線別離開吐司，用百圓均一店販賣的烤網也可以烤得很好吃。

魔法
96
其他

真空袋

只要在冷凍保存時使用夾鏈袋，冰箱內的氣味就不會轉移，能夠在良好的狀態下保存。假如用吸管吸掉空氣，讓袋裡接近真空，就會更有效果。

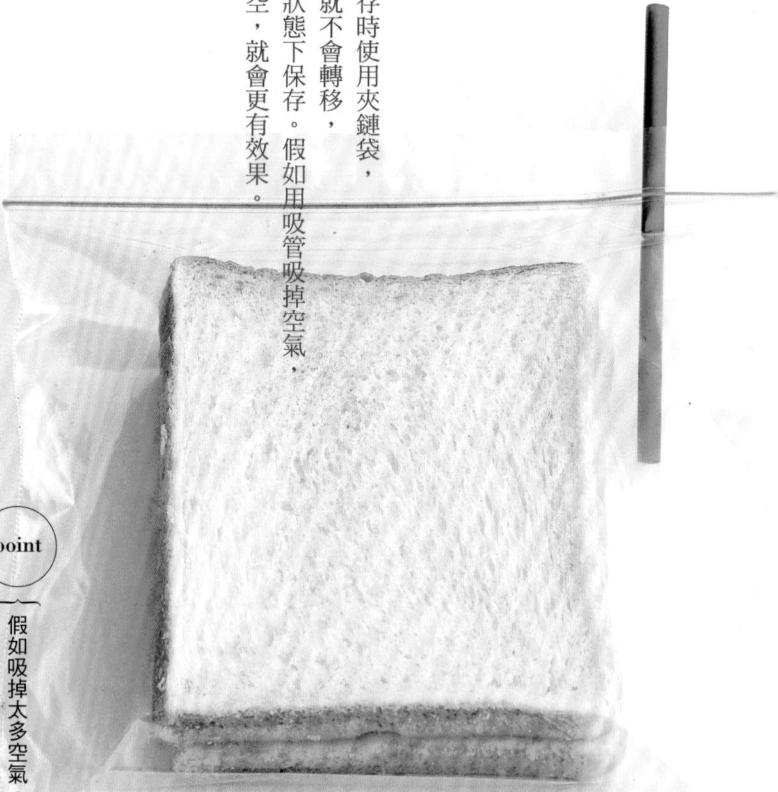

材料

・麵包
・夾鏈袋
・吸管

1. 將吐司放進夾鏈袋裡，用吸管吸掉中間的空氣，放進冰箱保存。
2. 要吃的時候可以自然解凍，或是直接烤到喜歡的火候為止。

point

假如吸掉太多空氣，吐司就會變扁，要弄到恰到好處。

魔法
97
其他

噴霧器

冷凍的麵包，
或是在時光流逝後乾燥的吐司，
只要用噴霧器打濕再烘烤，
就會烤出滋潤。

point

噴霧時要盡量按一次就噴遍整片吐司，同時小心別噴過頭。

材料

- 將1條吐司切成幾片都可以……取1片
- 噴霧器

1. 噴霧之後，就烤到喜歡的火候為止。

魔法
98
其他

麵包切片架

使用麵包切片架，
就可以筆直切割吐司。

材料

- 吐司
- 麵包切片架
- 菜刀（無須用麵包刀，普通的菜刀就夠了）

1. 將刻度對準想要切割的厚薄，把吐司裝上去，再將菜刀靠在切片架上挪動及切割。

point

照片上的是百圓均一價商品，但是品質很夠用。

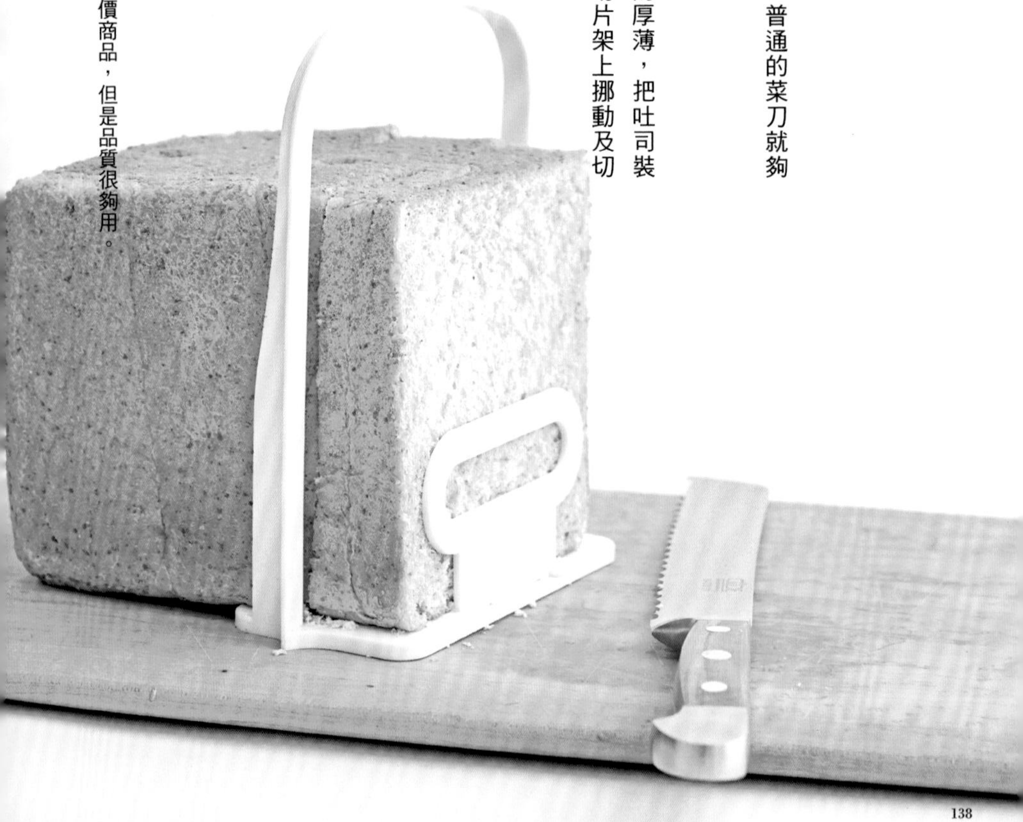

魔法
99
其他

賞味期限

到超級市場或其他地方購買吐司時，要比對賞味期限，購買保存日期較長的產品。比起裝袋的麵包，剛烤好的麵包狀態比較好。

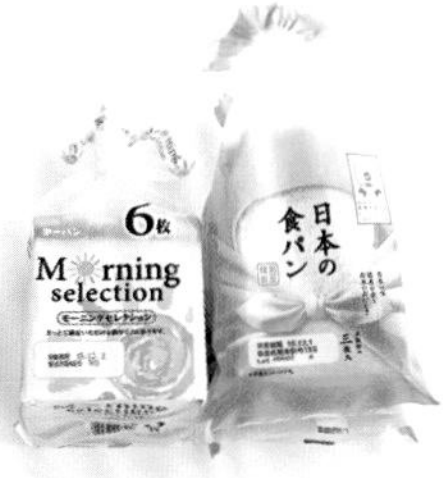
6枚
Morning selection
日本の食パン

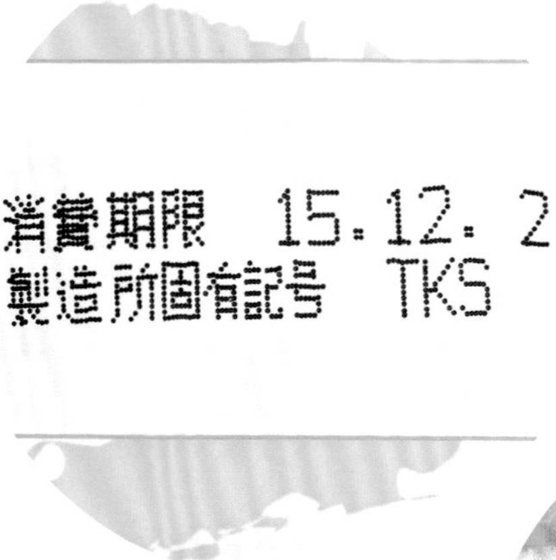
消費期限 15.12.2
製造所固有記号 TKS

消費期限 15.12.1
製造所固有記号TKS
Lot.00522 A

附錄

畫圖上去

參考材料

・帽子……藍莓奶油
・輪廓……巧克力
・鬍鬚、褲子、鞋子……咖啡奶油
・麵包的外皮部分……草莓果醬
・麵包的白色部分……肉桂（A公司製）
・麵包的中央部分……肉桂（B公司製）
・金粉

point

堀道廣：「要巧妙描繪輪廓，速度就很重要了。這時需要市售的巧克力筆、手工製的紙捲擠花袋或巧克力隔水加熱鍋。假如猶豫該畫什麼，巧克力就會凝固。決定好要畫的圖之後，就一口氣畫出來。」

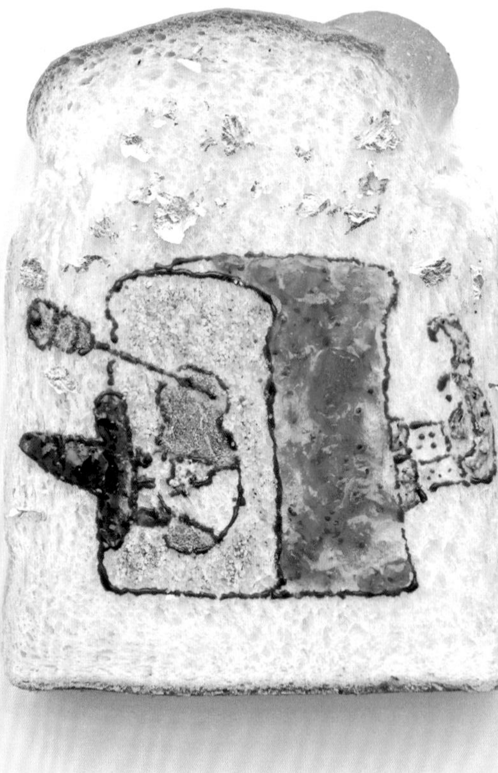

後記

我為什麼想要變成魔法師？

我有個朋友因為福島核電廠事故被迫要過避難的生活，住在臨時住宅裡。她經常寫信給我，抱怨當地吃不到美味的麵包。我想要傳授她將麵包變好吃的魔法，於是就編纂了這本書。

契機不只是這個，我也擔心日本的麵包店過於忙碌。法國雖然也有麵包店供應所有的法式長棍麵包和牛角麵包菜單，日本卻必須推出五、六十道品項，不眠不休地製作麵包。假如我們學會麵包的食用方法，或許就能專注在基本的麵團上，從長時間勞動當中解脫。

做這本書還有另一個原因，那就是我啟動「新麥蒐集」專案，要讓日本的小麥更好吃又安全。本人深切感受到能夠嚐到小麥美味的麵包還很少，發現若想開闢新局，我們這些食用者就必須提高魔法偏差值。比方像是在秋天時，試著用奶油煎當令的香菇，搭配新麥麵包食用。假如大家能夠接受這樣的吃法，不只是混合餡料和副材料的麵包，也可以賣出許多小麥口味的麵包。如此一來，製作美味小麥的生產者和製粉公司就會發展起來，麵包應該會變得更好吃。

這本書請了好幾位頂級客串魔法師來製作。料理研究家夏井景子女士代替廚藝不精的我將形象化為實體，攝影師鈴木靜華女士藉由照片巧妙傳達麵包的美味，漫畫家堀道廣先生連一條線都能畫出喜感，山口信博先生和宮巻麗女士在設計書本時總是發揮出麵包實驗室美好的一面，另外還有提供吐司的第一屋製麵包公司，實在感激不盡。最後謹對幫忙完成這本書的所有人士致上謝意。

這本書出現的點子受到我以前吃的各種美味麵包的影響，在此向製作這些麵包的師傅致謝。其中也有編纂之際求教點子的各方人士，請容我特別列名如下：

咖啡專門店ACE
東京都千代田區內神田3-10-6，03-3256-3691。7:00～19:00（星期六營業到14:00。星期日和節日休息）。海苔吐司的鼻祖，從創業起經營四十年以上，是備有四十種咖啡的懷舊風純喫茶。

Rock Villa
大阪市東成區東小橋3-17-23，06-6975-0315。8:00～18:30（星期三休息）。以韓國人小鎮聞名的鶴橋喫茶店。泡菜三明治是韓籍岩村瑛子女士做出的媽媽味。

高橋昭江
經營REAL-FOOD.JP的蜂蜜大師，以塔斯馬尼亞島產的絕品革木蜂蜜在「年度蜂蜜大賽」中熠熠生輝。
real-food.jp

渡邊政子
麵包愛好者，前「麵包協會」主持人，向一般民眾發佈麵包資訊的先驅。不吃米飯，以麵包維生。著作為《政子果醬》（GUIDEWORKS）。

奧山惠
愛麵包歷時四十年。被侯布雄（Joël Robuchon）的自然酵母巴塔麵包拉到癡迷的道路上，相信吐司的巔峰是市川大野CHARENTE的天然酵母方形吐司。

秋本敦子
愛麵包歷四十四年。高中福利社販賣的山崎棕櫚葉甜麵包喚醒她的癡迷熱血，假日時有學藝大學M-SIZE製作的鷹番吐司是最棒的享受。

大皿彩子
經營「骰子食堂」進行菜單開發、料理活動和其他飲食策劃，是個以企劃和創意讓餐桌變開心的魔法師。
saikolo.jp

山本百合子
點心及料理研究家。以女西點師傅的身分在巴黎學藝，爾後就當上隨筆作家。著作為《七十家巴黎美食店與產品》（誠文堂新光社）。
yamamotohotel.jugem.jp

日野洋子
焦黃貓熊麵包俱樂部主持人。曾經吃過一萬個以上的麵包，是發燒友中的發燒友，經常上電視。會舉辦試吃會和其他適合麵包愛好者的活動。
www.kongaripanda.com

齊藤美佳
熱愛麵包的上班族女郎。比專家更精通日本全國的麵包店資訊和麵包造型商品，麵包店稱呼她為「最強業餘家」。

讓吐司更美味的99道魔法
食パンをもっとおいしくする99の魔法

國家圖書館出版品預行編目（CIP）資料

讓吐司更美味的99道魔法 / 池田浩明著；李友君譯. -- 初版. -- 臺北市：健行文化出版：九歌發行, 2019.07
面；　公分. -- (愛生活；47)
譯自：食パンをもっとおいしくする99の魔法
ISBN 978-986-97668-1-4(平裝)

1.點心食譜 2.麵包

427.16　　108008231

作者── 池田浩明
譯者── 李友君
責任編輯── 曾敏英
創辦人── 蔡文甫
發行人── 蔡澤蘋
出版── 健行文化出版事業有限公司
台北市105八德路3段12巷57弄40號
電話／02-25776564・傳真／02-25789205
郵政劃撥／0112295-1

九歌文學網　www.chiuko.com.tw

印刷── 前進彩藝有限公司
法律顧問── 龍躍天律師・蕭雄淋律師・董安丹律師
初版── 2019年7月
定價── 300元
書號── 0207047
ISBN── 978-986-97668-1-4